幽梦影

（清）张潮◎著　刘天然◎注译

中国华侨出版社
北京

图书在版编目（CIP）数据

幽梦影／（清）张潮著；刘天然注译. —北京：中国华侨出版社，2019.6

ISBN 978-7-5113-7861-3

Ⅰ.①幽… Ⅱ.①张… ②刘… Ⅲ.①人生哲学—中国—清代 ②《幽梦影》—注释 ③《幽梦影》—译文 Ⅳ.①B825

中国版本图书馆 CIP 数据核字（2019）第 099495 号

幽梦影

著　　者／（清）张潮
注　　译／刘天然
策　　划／左　岸
责任编辑／姜薇薇　桑梦娟
责任校对／王京燕
封面设计／胡椒设计
经　　销／新华书店
开　　本／880 毫米×1230 毫米　1/32　印张／10　字数／207 千字
印　　刷／天津旭非印刷有限公司
版　　次／2019 年 8 月第 1 版　2019 年 8 月第 1 次印刷
书　　号／ISBN 978-7-5113-7861-3
定　　价／45.00 元

中国华侨出版社　北京市朝阳区静安里 26 号通成达大厦 3 层　邮编：100028
法律顾问：陈鹰律师事务所
编辑部：（010）64443056　64443979
发行部：（010）64443051　传真：（010）64439708
网　　址：www.oveaschin.com
E - mail：oveaschin@ sina.com

前言

　　近代国学大师王国维说过："凡一代有一代之文学。"纵观中国文学发展史，楚有骚、汉有赋、六代有骈文、唐有诗、宋有词、元有曲，明清之际兴盛小说和小品文。

　　明清时期出现一大批优秀的小品文，这些小品文语言简洁，内容丰富，通常以语录、格言、警句的方式，对人、事物或生活情趣进行描述。比较著名的有《娑罗馆清言》《小窗幽记》《菜根谭》等。其中，张潮所著的《幽梦影》就是代表作品之一。

　　张潮（1650—约1709年），字山来，号心斋居士，歙县（今安徽省黄山市歙县）人。他学识广博，多才多艺，儒、道、佛、诗词文章、琴棋书画、花鸟虫鱼等无所不通。一生著述颇丰，主要作品有《心斋诗钞》《心斋聊复集》《酒律》《花影词》《补花底拾遗》《幽梦影》等。

　　《幽梦影》并非一气呵成，而是作者把在生活中的所看所想所思记录下来，相继交给友人传阅点评，最后集结而成。张潮在给孔尚任的信中曾说道："拙著《幽梦影》，今年亦欲付梓……今一面付梓，留木以待，补评尚可增入耳。"（《尺牍偶

存》）根据这封信的写作时间，基本可以推测这本书的第一次印刷时间大约应该在清康熙三十六年（1697 年）。书中共收录219 则格言、箴言、哲言、韵语、警句等，570 余则点评。张潮取幽人梦境、似幻如影之意，表达对人生、自然的感受，起到破人梦境、发人惊醒的作用，所以为《幽梦影》。

该书内容丰富，有对文人骚客读书交友、谈禅论道的体味，也有对山光水色、花鸟虫鱼、风云雨露、俊林秀木的赞美；有对官场科第、人情世故的讥讽，也有对儒、释、道的领悟和堪破。看似信笔拈来，却是句句锦绣、字字珠玑，反映了作者对人生深刻的感悟，包含着丰富的哲理，闪烁着智慧的火花，使人读来心旷神怡，陶醉飘逸。在语言艺术方面，作者敢于联想、想象，将自然界中的生物赋予灵性表现在作品中，同时还运用比喻、对句、排比等多种方法，使语言充满节奏美、匀称美、声韵美，在审美角度上更胜一筹。

林语堂认为张潮极能体现中国传统文人的人格特质，因此"数十年间孜孜不倦地推介《幽梦影》这部书"，让西方世界见识中国文化。两人处于不同的时空，却同样具有"纯粹的生活"——那是明清文人最重视的"性灵"，一种清洁、透明而单纯的性情质地。

《幽梦影》的特点之一，在于反映了中国文人享受大自然的审美情趣。例如"花不可以无蝶，山不可以无泉，石不可以无苔，水不可以无藻，乔木不可以无藤萝，人不可以无癖"，又如"梅边之石宜古，松下之石宜拙，竹傍之石宜瘦，盆内之石宜巧"，再如"玩月之法，皎洁则宜仰观，朦胧则宜俯视"

等。只有衣食无虞、能够充分享受生活自由的人，方可如此挥洒审美的个性，方能产生这样高雅的情趣。所以《幽梦影》中的内容，尤其可以引起现代人们的阅读兴趣。

《幽梦影》的另一个特点，在于书中有不少关于人生的警句。例如，谈读书与人生阅历的关系："少年读书，如隙中窥月；中年读书，如庭中望月；老年读书，如台上玩月。皆以阅历之浅深，为所得之浅深耳"，又如，"善读书者，无之而非书：山水亦书也，棋酒亦书也，花月亦书也；善游山水者，无之而非山水：书史亦山水也，诗酒亦山水也，花月亦山水也"这些话是何等精辟。

阅读此书，能够给读者带来一些小情趣、小快乐，让生活变得有滋有味起来，而其中的警句、格言、语录等，又能在潜移默化中提升你的思想境界和人生格局。阅读此书后，愿您的人生能有所改变，愿您的生活能更加多彩！

目录

目
录

目
录

序一

　　余穷经读史之余，好览稗官小说^①，自唐以来不下数百种。不但可以备考遗志^②，亦可以增长意识。如游名山大川者，必探断崖绝壑^③；玩乔松古柏者，必采秀草幽花。使耳目一新，襟情怡宕^④。此非头巾褦襶、章句腐儒^⑤之所知也。

　　故余于咏诗撰文之暇，笔录古逸事、今新闻，自少至老，杂著数十种。如《说史》《说诗》《党鉴》《盈鉴》《东山谈苑》《汗青余语》《砚林不妄语》《述茶史补》《四莲花斋杂录》《曼翁漫录》《禅林漫录》《读史浮白集》《古今书字辨讹》《秋雪丛谈》《金陵野抄》之类，虽未雕版^⑥问世，而友人借抄，几遍东南诸郡，直可傲子云^⑦而睨君山矣！

　　天都张仲子心斋^⑧，家积缥缃，胸罗星宿，笔花缭绕，墨沈淋漓。其所著述，与余旗鼓相当，争奇斗富，如孙伯符与太史子义相遇于神亭^⑨；又如石崇、王恺击碎珊瑚时也。

　　其《幽梦影》一书，尤多格言妙论。言人之所不能言，道人之所未经道。展味低回，似餐帝浆沆瀣，听钧天之广乐，不知此身在下方尘世矣。至如："律己宜带秋气，处世宜带春气"、"婢可以当奴，奴不可以当婢"、"无损于世谓之善人，有害于世谓之恶人"、"寻乐境乃学仙，避苦境乃学佛"，超超玄箸，绝胜支、许清谈。人当镂心铭腑，岂止佩韦书绅而已哉！

鬘持老人余怀^⑩广霞制

【注释】

①稗官小说：野史小说，街谈巷议之言。

②备考：全面考察。遗志：前人遗留下的标记、记录。

③断崖绝壑：陡峭的山崖和深谷，指人迹罕至的险境。

④襟情：襟怀，情怀。怡宕：轻松洒脱。

⑤褌襹：愚蠢不通。章句腐儒：只懂得剖章析句的迂腐读书人。

⑥雕版：在木板上雕刻图文，作为印刷的底版。

⑦子云：扬雄（前53—18年），字子云，汉族。西汉官吏、学者。西汉蜀郡成都（今四川成都郫都区）人。汉赋四大家之一。代表作有《太玄》《法言》《方言》《训纂篇》等。

⑧天都张仲子心斋：即张潮，字心斋，天都是安徽黄山的峰名，因张潮家距黄山不远，此处用天都代指其家乡。

⑨孙伯符与太史子义相遇于神亭：指的是孙策与太史慈在神亭相遇，奋勇搏斗，彼此不分高下之事。孙伯符，即孙策，东汉吴郡富春人，字伯符。

⑩余怀：明末清初福建莆田人，字淡心、无怀，号曼翁、鬘持老人。居南京。作《板桥杂记》，述秦淮妓女事。著作有《味外轩稿》《东山谈苑》。

【译文】

我在阅读经史的间隙，喜欢阅读一些野史与小说，自唐代以来，不下数百种了。阅读这些野史与小说不但可以系统考察前人留下的记录，也能增长自己的见识。如同游览名山大川，一定要到断崖绝壁之处，才能领略无限风光；如同观赏乔松古柏，必须要随手采撷一些秀草幽花，才能让人耳目一新，心胸愉悦而开阔。如此做法不是那些愚蠢不通、只懂得寻章摘句的迂腐文人所能理解的。

所以我在吟诗撰文之余，喜欢记录一些古时逸事、今日新闻，这种爱好从年轻一直坚持到年老，零零星星写下几十种杂著，如《说史》《说诗》《党鉴》《盈鉴》《东山谈苑》《汗青余语》《砚林不妄语》《述茶史补》《四莲花斋杂录》《曼翁漫录》《禅林漫录》《读史浮白集》《古今书字辨讹》《秋雪丛谈》《金陵野抄》之类。尽管没有印刷问世，但是在友人间相互借阅抄录，几乎遍及东南各郡，简直可以傲视扬雄与桓谭了。

黄山人张潮，家里有很多藏书，此人知识广博、才华横溢，文笔优美，才思敏捷。他写出的作品与我不相上下，彼此相互赏识又相互竞争，就像孙策与太史慈相遇在神亭，又像石崇王恺斗富时，石崇击碎王恺的珊瑚树那样，显示出自己家藏珊瑚树比对方的既大又多。

他著的《幽梦影》一书，里面有很多格言妙论，说出了他人无法说出的道理，讲出了他人从来没有讲过的内容。认真阅读这本书，如同滋补人心的琼浆玉液，又像听来自天上的音乐，让人忘了自己还是否身处尘世之中。例如："律己宜带秋气，处世宜带春气""婢可以当奴，奴不可以当婢""无损于世谓之善人，有害于世谓之恶人""寻乐境乃学仙，避苦境乃学佛"，这些言辞高深精妙，远远胜过晋代的支道林和许询。人们应该铭刻于心，不仅仅止于牢记啊！

鬓持老人余怀广霞制

序二

　　心斋所著书满家，皆含经咀史①，自出机杼②，卓然可传。是编是其一脔片羽③，然三才④之理、万物之情、古今人事之变，皆在是矣。

　　顾题之以"梦"且"影"云者，吾闻海外有国焉。夜长而昼短，以昼之所为为幻，以梦之所遇为真；又闻人有恶其影而欲逃之者。然则梦也者，乃其所以为觉；影也者，乃其所以为形也耶？

　　廋辞⑤讔语，言无罪而闻足戒，是则心斋所为尽心焉者也。读是编也，其可以闻破梦之钟，而就阴以息影⑥也夫！

江东同学弟孙致弥⑦题

【注释】

　　①含经咀史：指欣赏、体味经籍史书的精华。

　　②自出机杼：比喻诗文构思新颖独特，有创造性。出自《魏书·祖莹传》："文章须自出机杼，成一家风骨，何能共人同生活也。"

　　③一脔：指一块。《淮南子·说林训》："尝一脔肉而知一镬之味。"片羽：传说中神马吉光的小片毛，喻指残存的少量珍贵品。

　　④三才：指天、地、人。《周易·说卦》："是以立天之道曰阴与

阳，立地之道曰柔与刚，立人之道曰仁与义。兼三才而两之，故《易》六画而成卦。"

⑤廋辞：即隐其含义于言辞之中。廋，是隐藏、藏匿的意思。

⑥就阴以息影：靠近阴暗之处以使影子停止。语本《庄子·渔父》："不知处阴以休影，处静以息迹，愚亦甚矣！"

⑦孙致弥：字恺似，号松坪、杕左堂等，嘉定人。康熙初年召试称旨，康熙二十七年（1688 年）中进士，改翰林院庶吉士，官至侍读学士。著有《杕左堂集》《杕左堂续集》《杕左堂词》等。

【译文】

张潮写的书很多，几乎能堆满屋子，大都蕴含着经史的精华，他的文章风格清新，题材别致，卓尔不凡，足以流传后世。《幽梦影》这本书只是他众多著作中的一部，然而关于天、地、人的奥秘、万物生发的基本规律、古往今来的人事变迁，在其中都可以看到。

书名中有"梦""影"的字样，我曾听说海外有个地方，夜长昼短，生活在那里的人们把白天所从事的任何事情当成是虚幻的，把梦中所经历的种种事情当成是真实的；又听说有的人因厌恶自己的影子而想摆脱它。然而"梦"，正是人们所能感知到的；"影"，大概指的就是人的形体吧！

这些模糊的说辞，说起来没有罪过，而能够阅读到这本书的人，就要引起足够的警惕，这就是张潮先生竭尽全力想表达出来的。阅读这本书，可以听到惊破梦境的钟声，也可以靠近阴暗的地方让影子消失！

江东同学弟孙致弥题

序三

　　张心斋先生，家自黄山，才奔陆海。柟榴赋①就，锦月投怀；芍药词成，繁花作馔。苏子瞻十三楼外，景物犹然；杜枚之廿四桥头②，流风仍在。静能见性，泊哉人我不间而喜嗔不形③！弱仅胜衣，或者清虚日来而滓秽日去④。怜才惜玉，心是灵犀；绣腹锦胸，身同丹凤。花间选句，尽来珠玉之音；月下题词，已满珊瑚之筍。岂如兰台⑤作赋，仅别东西；漆园著书，徒分内外⑥而已哉！

　　然而繁文艳语，止才子余能；而卓识奇思，诚词人本色。若夫舒性情而为著述，缘阅历以作篇章，清如梵室之钟，令人猛省；响若尼山⑦之铎，别有深思。则《幽梦影》一书，余诚不能已于手舞足蹈、心旷神怡也！

　　其云"益人谓善，害物谓恶"，咸仿佛乎外王内圣之言。又谓"律己宜秋，处世宜春"，亦陶熔乎诚意正心之旨。他如片花寸草，均有会心；遥水近山，不遗玄想。息机物外，古人之糟粕不论；信手拈时，造化之精微入悟。湖山乘兴，尽可投囊；风月维潭，兼供挥麈。金绳觉路，宏开入梦之毫；宝筏迷

津，直渡广长之舌⑧。以风流为道学，寓教化于诙谐。为色为空，知犹有这个在；如梦如影，且应作如是观⑨。

湖上晦村学人石庞⑩序

【注释】

①栟榈赋：即《栟榈枕赋》，作者是三国时期的张纮。事见《三国志·吴书·张纮传》："（张）纮见栟榈枕，爱其文，为作赋。陈琳在北见之，以示人曰：'此吾乡里张子纲所作也。'"

②杜牧之：杜牧（803—约852年），字牧之，号樊川居士，汉族，京兆万年（今陕西西安）人。杜牧是唐代杰出的诗人、散文家。杜牧的诗歌以七言绝句著称，主要作品有《阿房宫赋》《遣怀》《樊川文集》等。廿四桥：扬州著名景观。

③洵哉：诚然，确实。人我：佛教语。是人相和我相并称的略语。不间：没有分别。

④清虚日来而滓秽日去：清静淡泊一天天地增加，而渣滓污秽一天天地远离。出自《世说新语·言语》："吾无所忧，直是清虚日来，滓秽日去耳。"

⑤兰台：指汉代文学家班固，他曾经出任兰台令史，所以被称为班兰台。

⑥漆园著书，徒分内外：庄子著书立说，只是分内、外篇。漆园，即庄子，他曾经做过漆园吏。内外，指《庄子》的"内篇"和"外篇"，实际上《庄子》还包括"杂篇"。

⑦尼山：孔子的出生地，在今山东曲阜，此处代指孔子。

⑧广长之舌：指佛的舌头，据说佛舌广而长，可覆面上至发际。比喻能言善辩。

⑨且应作如是观：泛指对某一事物作如此的看法。出自《金刚

经》："一切有为法，如梦幻泡影，如露亦如电，应作如是观。"

⑩石庞：清安徽太湖人，字天外，号晦村学人、天外生等。著有《因缘梦》传奇、《天外谈》《悟语》等。

【译文】

张潮先生家在黄山附近，像西晋的陆机那样富有才华。写出的文章就像《榴榴枕赋》一样，犹如皎洁的月亮把影子投入怀中；描写芍药的辞章华美真实，简直可以当作美食进行食用。苏轼诗中赞美的十三楼，美好景象至今依然存在；杜牧笔下的二十四桥，风流余韵依然存在。人一旦静下来能够悟出许多道理，我也是一位普通人，与其他人没什么区别，无论高兴还是愤怒都不会表现在脸上。尽管我的身体虚弱得仅能够承受衣物的重量，可是清静淡泊却一天天地增加，而渣滓污秽一天天地远离。怜惜才华而倍加呵护，相互赏识而心领神会；胸藏锦绣文章，身如丹凤卓尔不群。如此语言，就像在鲜花丛中选出来的佳句，发出宝石相互轻轻碰撞而产生的清响；又宛如月下题写的辞章，不知不觉间堆满珊瑚笥内。张潮先生写的文章，不像东汉班固写《两都赋》那样，分为《东都赋》和《西都赋》；也不像庄周写《庄子》那样，分为内篇和外篇。

纷繁复杂的文辞和精巧华美的语句，不过是才子自我炫耀技能而已；能够写出深邃的思想和独到的见解，才能考验出文人的真实能力。抒发自己的思想情感，根据自己的人生阅历进行写作，写出的文章就像寺院里敲响的钟声，让人读后有所醒悟；又像孔子被称为"木铎"一样发出的声音，让人深思。得到《幽梦影》这本书，让我高兴得手舞足蹈，又让我因书中的内容而心旷神怡。

书中写"益人谓善，害物谓恶"这与道家《庄子·天下》篇中"外王内圣"的言论有相似之处。又说"律己宜秋，处世宜春"也融入了儒家正心、诚意的宗皆。其他的如一草一木，都会用心观察；远水近山，都会产生玄妙的想法。置身物外不产生不良动机，古人的糟粕不去探究；有时看似信手拈来，把对大自然精细的观察转化成对人生或事物的感悟。趁着兴致，游览湖光山色，把所思所虑所想记下来放入囊中；面对人生的得与失，更是谈论得透彻明白。张潮先生写文章就像用金绳开辟道路，打开了进入梦境之笔；又好像乘坐宝筏渡过迷茫之地，言辞就像佛说出的话一样高深莫测。把学识作为毕生所求，于诙谐之中对他人进行教化。把色相视为空虚，知道它存在而不去亲近它；一切如梦幻似泡影，人生应该有这样的境界。

湖上晦村学人石庞序

第一则

【原文】

读经宜冬，其神专也；读史宜夏，其时久也；读诸子①宜秋，其致别也；读诸集宜春，其机物也。

【原评】

曹秋岳曰：可想见其南面百城②时。

庞笔奴曰：读《幽梦影》则春、夏、秋、冬，无时不宜。

【注释】

①诸子：指先秦至汉初的各派学者或其著作。《汉书·艺文志》："战国从衡，真伪分争，诸子之言纷然肴乱。"

②南面：古代天子、诸侯和卿大夫理政时皆南向坐，以南向为尊。《论语·雍也》："子曰：'雍也，可使南面。'"南面百城：形容皇帝君临天下，后比喻坐拥书城。

【译文】

冬天适合阅读经书，因为冬天可以使人集中精力，从而专注于对经书的学习；夏天适合阅读史书，因为夏天白昼长，时间充足，便于成规模地攻读史籍；秋天适合阅读诸子百家，因为秋天是丰收的季节，也是肃杀的季节，有助于我们理解诸子百家的独到精神；春天适合阅读诗词文章等集子，因为春天充满勃勃生机，符合各类集子的总体旨趣。

【原评译文】

曹秋岳说：通过这段话，我能想象到作者面对书山籍海不辍攻读的情景。

庞笔奴说：如果是读《幽梦影》，那么春、夏、秋、冬四时皆宜。

第二则

【原文】

经传宜独坐读，史鉴宜与友共读。

【原评】

孙恺似曰：深得此中真趣，固难为不知者道①。

王景州曰：如无好友，即红友②亦可。

【注释】

①难为不知者道：很难对不了解其中趣味的人说清楚。

②红友：酒的别称。王世贞《三月三日屋后桃花下与儿子小酌红

酒》：“偶然儿子致红友，聊为桃花飞白波。”

【译文】

阅读四书五经，最好一个人静静地研读；阅读史书典籍，最好与知己一起品鉴。

【原评译文】

孙恺似说：作者真是深得其中滋味，没经历过的人，就是讲他也不会懂。

王景州说：如果没有好友，有好酒也可以。

第三则

【原文】

无善无恶是圣人。如帝力何有于我[1]；杀之而不怨，利之而不庸[2]；以直报怨，以德报德[3]；一介不与，一介不取[4]之类。善多恶少是贤者。如颜子不贰过[5]，有不善未尝不知；子路人告有过则喜[6]之类。善少恶多是庸人。有恶无善是小人。其偶为善处，亦必有所为。有善无恶是仙佛。其所谓善，亦非吾儒之所谓善也。

【原评】

黄九烟曰：今人一介不与者甚多，普天之下，皆半边圣人也。利之不庸者，亦复不少。

江含徵曰：先恶后善，是回头人；先善后恶，是两截人。

殷日戒曰：貌善而心恶者，是奸人，亦当分别。

冒青若曰：昔人云："善可为而不可为。"唐解元⑦诗云："善亦懒为何况恶。"当于有无多少中更进一层。

【注释】

①帝力何有于我：皇帝又能把我怎么样呢？见古歌《击壤歌》："吾日出而作，日入而息，凿井而饮，耕田而食，帝力何有于我哉？"

②"杀之"两句：语见《孟子·尽心上》。庸：酬谢。

③"以直"两句：语见《论语·宪问》："或曰：'以德报怨，何如？'子曰：'何以报德？以直报怨，以德报德。'"

④一介不与，一介不取：语见《孟子·万章上》，意思是一点好处不给别人，也不要别人的一点好处。

⑤颜子不贰过：语见《论语·雍也》，意思是不犯同样的错误。

⑥子路人告有过则喜：语见《孟子·公孙丑上》，即闻过则喜之意。

⑦唐解元：即明代文学家、画家唐寅，字伯虎。

【译文】

圣人既没有善行也没有恶心。例如，帝王的权力对我有什么影响呢？用王道治理国家，被杀也不会对谁产生怨恨，获得利益也不认为这是什么功德；以公道的态度对待自己怨恨的人，把恩惠施与对自己有恩的人；如果不符合道义，一点好处不给别人，也不要别人的一点好处。善的行为多而恶的行为少，就是贤人。例如，颜回不会再犯自己曾经犯过的错误，对自己的过错时刻牢记于心；子路要是听到别人指出他的过错，不但不生气反而非常高兴。善的行为少而恶的行为多，就是庸人。只有恶的行为而没有善的行为，就是小人。这样的小人，即便偶尔做点好事，也是怀着某种不可告人的目的。只有善的行为，没有恶的行为，就是神仙和佛了。他们的善行，并非我们儒家学说所主张的善行。

【原评译文】

黄九烟说：如今很多人不会随便把东西给他人，整个天下一半都是圣人。如今获利的人，很多不会去报答别人。

江含徵说：先做恶事后做善事，这样的人是浪子回头改过自新的人；先做善事后做恶事，这样的人是前后不一的人。

殷日戒说：外表看着善良而内心充满邪恶，这样的人是奸诈之人，当然并非一概而论。

冒青若说：古人说："善的行为可以去做也可以不去做。"唐寅曾在诗里说："善的行为都懒得做，更何况是恶的行为。"这句话应该比文中对善恶的诠释更深了一层。

第四则

【原文】

天下有一人知己，可以不恨[①]。不独人也，物亦有之。如菊以渊明为知己[②]，梅以和靖为知己[③]，竹以子猷为知己[④]，莲以濂溪为知己[⑤]，桃以避秦人为知己[⑥]，杏以董奉为知己[⑦]，石

以米颠为知己⑧，荔枝以太真为知己⑨，茶以卢仝、陆羽为知己⑩，香草以灵均为知己⑪，莼鲈以季鹰为知己⑫，蕉以怀素为知己⑬，瓜以邵平为知己⑭，鸡以处宗为知己⑮，鹅以右军为知己⑯，鼓以祢衡为知己⑰，琵琶以明妃为知己⑱。一与之订，千秋不移。若松之于秦始⑲，鹤之于卫懿⑳，正所谓不可与作缘者也。

【原评】

查二瞻曰：此非松、鹤有求于秦始、卫懿，不幸为其所近，欲避之而不能耳。

殷日戒曰：二君究非知松、鹤者，然亦无损其为松、鹤。

周星远曰：鹤于卫懿，犹当感思。至吕政五大夫之爵，直是唐突十八公㉑耳。

王名友曰：松遇封，鹤乘轩，还是知己。世间尚有劚㉒松煮鹤者，此又秦、卫之罪人也。

张竹坡曰：人中无知己，而下求于物，是物幸而人不幸矣。物不遇知己而滥用于人，是人快而物不快矣。可见知己之难，知其难方能知其乐。

【注释】

①恨：遗憾。

②菊以渊明为知己：东晋陶渊明十分喜爱菊花，陶诗多处写菊，有"采菊东篱下，悠然见南山"的诗句。

③梅以和靖为知己：北宋林和靖隐居，以种梅养鹤自娱，人称"梅妻鹤子"。

④竹以子猷为知己：东晋王羲之的儿子王徽之，字子猷，一生爱竹。

⑤莲以濂溪为知己：宋周敦颐，居濂溪，人称濂溪先生，有《爱莲说》一文，说自己"独爱莲"。

⑥桃以避秦人为知己：陶渊明《桃花源记》中称桃花源中人为"避秦人"。

⑦杏以董奉为知己：三国时期吴国人董奉行医，为人治病不取报酬，只要求被治者栽杏，日久成林。

⑧石以米颠为知己：米颠即米芾，此处用米芾见顽石下拜一典。

⑨荔枝以太真为知己：唐代杨太真，即杨玉环，喜啖荔枝。

⑩茶以卢仝、陆羽为知己：唐代卢仝、陆羽分别有《茶歌》和《茶经》。

⑪香草以灵均为知己：屈原在《离骚》中以香草来比喻君子及其优秀的品德。

⑫莼鲈以季鹰为知己：西晋张翰，字季鹰，以思念家乡的莼羹和鲈鱼脍为由，辞官而归。

⑬蕉以怀素为知己：唐代书法家怀素幼时家贫，以芭蕉叶练字。

⑭瓜以邵平为知己：汉代邵平在秦时封东陵侯，秦亡后种瓜为生。

⑮鸡以处宗为知己：晋朝宋处宗养鸡，鸡可用人语与处宗对话。

⑯鹅以右军为知己：东晋王羲之官至右军将军，爱鹅。

⑰鼓以祢衡为知己：汉末人，曹操听说他善击鼓，便召为鼓史。

⑱琵琶以明妃为知己：汉代王昭君抱琵琶出塞。

⑲松之于秦始：《史记》载，秦始皇在泰山的松下避雨，因封此松为五大夫。

⑳鹤之于卫懿：《左传》载，卫懿公好鹤，以大夫的规格待之。

㉑十八公：指松，松的拆字为十、八、公三字。

㉒刿：砍。

【译文】

　　世上能遇到一个知己就没有遗憾了。这句话不仅适用于人，也适用于物。例如，菊花把陶渊明当成知己，梅把林和靖当成知己，竹子把王徽之当成知己，莲花把周敦颐当成知己，桃花把世外的"避秦人"当成知己，杏把董奉当成知己，奇石把米芾当成知己，荔枝把杨贵妃当成知己，茶把卢仝、陆羽当成知己，香草把屈原当成知己，莼、鲈把张翰当成知己，芭蕉把怀素当成知己，瓜把邵平当成知己，鸡把宋处宗当成知己，鹅把王羲之当成知己，鼓把祢衡当成知己，琵琶把王昭君当成知己。彼此一旦形成这种关系，千秋万代都不会改变。像松与秦始皇、鹤与卫懿公，正如古人所说的，它们不应该与他们结缘。

【原评译文】

　　查二瞻说：并非松喜欢秦始皇，并非鹤喜欢卫懿公，是它们不幸被他们所亲近，想逃避却不能罢了。

　　殷日戒说：这两个人最终不是松和鹤的知己，然而最终也没损害到松和鹤的名声。

　　周星远说：卫懿公对鹤，应当心存感恩。至于吕政（秦始皇）把松封为五大夫，实在是太荒唐了。

　　王名友说：松树被封爵位，白鹤乘坐轩车，秦始皇、卫懿公把它们当成知己勉强还能说得过去。世间有砍伐松树、煮食仙鹤的人，这样的人自然是秦始皇和卫懿公要治罪的人。

张竹坡说：人在同类中找不到知己，转而向物寻求知己，这是物类的幸运同时又是人的不幸；物与物之间遇不到知己，而被人类利用，这是人类的幸运同时也是物类的不幸。由此可见，知己难得。懂得知己难得的道理后，才懂得与知己交往的快乐。

第五则

【原文】

为月忧云，为书忧蠹①，为花忧风雨，为才子、佳人忧命薄②，真是菩萨心肠。

【原评】

余淡心③曰：洵如君言，亦安有乐时耶？

孙松坪④曰：所谓君子有终身之忧者耶？

黄交三⑤曰："为才子、佳人忧命薄"一语，真令人泪湿青衫。

张竹坡曰：第四忧，恐命薄者消受不起。

江含微曰：我读此书时，不免为蟹忧雾。

竹坡又曰：江子此言，直是为自己忧蟹耳。

尤悔庵⑥曰：杞人忧天，嫠妇⑦忧国，无乃类是。

【注释】

①蠹：蛀食书稿的虫子。

②佳人忧命薄：语出苏轼《薄命佳人》中"自古佳人多命薄，闭门春尽杨花落"。

③余淡心：即余怀。

④孙松坪：即孙致弥。

⑤黄交三：黄泰来（生卒年不详），字交三，号石闲，著有《观海集》《浮香阁集》《浣花词》等。

⑥尤悔庵：尤侗（1618—1704 年），号悔庵，晚号艮斋，明末清初文学家、戏曲家。著有《艮斋杂记》、传奇《钧天乐》，以及杂剧《读离骚》《清平调》等。

⑦孀妇：寡妇。

【译文】

替月亮担心被云朵遮挡，替书籍担心被蠹虫破坏，替花朵担心被风雨袭击，替才子佳人担心命运不好，这是人世间最为慈悲的菩萨心肠。

【原评译文】

余淡心说：如果真像你说的那样，哪里还会有快乐的时候呀？

孙松坪说：难道这就是所谓的君子终身要忧虑的事情吗？

黄交三说："为才子、佳人忧命薄"这句话，真是让人感动得泪湿衣衫。

张竹坡说：第四种忧虑，恐怕是短命之人所无法承担的。

江含徵说：我读这本书时，自然免不了为螃蟹担心雾气。

竹坡又说：江含徵先生这样说，不过是为自己担忧没有螃蟹吃而已。

尤悔庵说：杞人担心天会塌下来，寡妇担心国家发生大事，恐怕都是这样的道理吧。

第六则

【原文】

花不可以无蝶，山不可以无泉，石不可以无苔，水不可以无藻，乔木不可以无藤萝，人不可以无癖①。

【原评】

黄石间②曰："事到可传皆具癖"，正谓此耳。

孙松坪曰：和长舆③却未许借口。

【注释】

①癖：癖好、嗜好。

②黄石间：即黄泰来。

③和长舆：和峤（？—292），字长舆，西晋人，惠帝时，官太子少傅。吝啬爱钱，杜预称其有"钱癖"。

【译文】

鲜花必须要有蝴蝶做伴，青山必须要有泉水穿流其中，石头上必须要有青苔点缀，水上必须要有水藻漂浮，高大的树木必须要有藤萝依附，人必须要有自己的癖好。

【原评译文】

黄石闾说："某种嗜好达到一定程度就成为一种癖好"，这句话说得很有道理。

孙松坪说：和峤却不能拿癖好为借口，来掩饰他吝啬的本性。

第七则

【原文】

春听鸟声，夏听蝉声，秋听虫声，冬听雪声。白昼听棋声，月下听箫声，山中听松声，水际听欸乃声①，方不虚生此耳。若恶少斥辱，悍妻诟谇②，真不若耳聋也。

【原评】

黄仙裳③曰：此诸种声颇易得，在人能领略耳。

朱菊山④曰：山老所居，乃城市山林，故其言如此。若我辈日在广陵城市中，求一鸟声，不啻如凤凰之鸣，顾可易言耶！

释中洲曰：昔文殊选二十五位圆通⑤，以普门耳根⑥为第一。今心斋居士耳根不减普门。吾他日选圆通，自当以心斋为第一矣。

张竹坡曰：久客者，欲听儿辈读书声，了不可得。

张迂庵曰：可见对恶少，悍妻，尚不若日与禽虫周旋也。

又曰：读此，方知先生耳聋之妙。

【注释】

①欸乃声：渔歌声。

②诟谇：一边骂人一边吐口水，以示侮辱。

③黄仙裳：黄云（1621—1702 年），字仙裳，号旧樵，著有《悠然堂集》《桐引楼诗》等。

④朱菊山：朱慎（生卒年不详），字其恭，号浮园、菊山，清代诗人，著有《浮园诗集》。

⑤圆通：佛教语。圆满周遍，融通无碍之义。

⑥普门耳根：佛教语。指根据《普门品》修行"耳根圆通"法门。

【译文】

春天听鸟儿的鸣叫，夏天听知了的歌唱，秋天听虫子叽叽的叫声，冬天听雪花飘落的声音。白天听下棋时落子的声音，明月当空时听悠远的箫声，身处在大山之中听松林风啸的声音，处于水边听渔歌的声音，这双耳朵才算没白长。如果听到的是无赖少年的辱骂呵斥声，刁蛮女人的恶言叫骂声，那么有耳朵还不如没耳朵的好。

【原评译文】

黄仙裳说：这几种声音很平常很容易听到，关键在于人能否领略其中奥妙。

朱菊山说：张潮先生居住在城市中少有的山林里，因此他才这样说。如果要是像我们这些人整天生活在扬州城中的繁华地带，偶尔听到鸟的叫声，就如同听到凤凰鸣叫一样，就不会在说出容易听到鸟叫的话了。

释中洲说：当年文殊菩萨评选二十五圆通时，把观世音菩萨的耳根排在第一位。今天张潮先生的耳根不啻观世音的耳根，我将来要是能评选圆通的话，就会把张潮先生的耳根列为第一位。

张竹坡说：长期居住在异乡的人，想听一听孩子们的琅琅读书声，这样简单的愿望最终也无法实现。

张迂庵说：如果整天面对无赖少年、凶悍的妻子，还不如整天与禽鸟、虫类为伴。又说：读了这篇警言妙语，才知道先生所说的耳聋的绝妙之处。

第八则

【原文】

上元须酌豪友①，端午须酌丽友②，七夕须酌韵友③，中秋须酌淡友④，重九须酌逸友⑤。

【原评】

朱菊山曰：我于诸友中，当何所属耶？

王武徵⑥曰：君当在豪与韵之间耳。

王名友曰：维扬⑦丽友多，豪友少，韵友更少。至于淡友、逸友，则削迹矣。

张竹坡⑧曰：诸友易得，发心酌之者为难能耳。

顾天石⑨曰：除夕须酌不得意之友。

徐砚谷曰：惟我则无时不可酌耳。

尤谨庸⑩曰：上元酌灯，端午酌彩丝，七夕酌双星，中秋酌月，重九酌菊，则吾友俱备矣。

【注释】

①豪友：豪放不羁的朋友。

②丽友：端庄秀丽的朋友。

③韵友：擅长诗文辞赋、儒雅的朋友。

④淡友：恬淡平和的朋友。

⑤逸友：超凡脱俗的朋友。

⑥王武徵：王方岐（生卒年不详），字武徵，清代文学家，著有《蒙斋文集》《蒙斋诗集》等。

⑦维扬：扬州。

⑧张竹坡：张道深（1670—1698年），字竹坡。徐州人，祖籍浙江绍兴，明代中叶迁居徐州。有诗集《十一草》。

⑨顾天石：顾彩（1650—1718年），字天石，清代戏曲家，著有诗文集《往深斋集》《鹤边词》等。

⑩尤谨庸：尤珍（1647—1721年），字慧珠、谨庸，著有《沧湄札记》《沧湄诗钞》等。

【译文】

上元节要与豪爽的朋友一起共饮，端午节要与秀丽的朋友一起共饮，七夕节要与风雅的朋友一起共饮，中秋节要与善于清谈的朋友一起共饮，重阳节要与隐逸的朋友一起共饮。

【原评译文】

朱菊山说：我在这些朋友中，应该属于哪一种？

王武徽说：您应该在豪放与风雅之间。

王名友说：扬州秀丽的朋友多，豪放的朋友少，有韵致的朋友更少，至于擅长清谈的朋友、隐逸的朋友，更是迹象全无。

张竹坡说：这几种朋友都容易找得到，真心共饮则很难做到。

顾天石说：除夕应该与不得意的朋友一起共饮。

徐砚谷说：只有我不能一同饮酒。

尤谨庸说：上元节与花灯共饮，端午节与彩丝共饮，七夕节与牛郎织女星共饮，中秋节与月亮共饮，重阳节与菊花共饮，那么我的各种朋友就都有了。

第九则

【原文】

鳞虫①中金鱼，羽虫②中紫燕③，可云物类神仙。正如东方曼倩④避世金马门⑤，人不得而害之。

【原评】

　　江含徵曰：金鱼之所以免汤镬者，以其色胜而味苦耳。昔人有以重价觅奇特者以馈邑侯，邑侯⑥他日谓之曰："贤所赠花鱼，殊无味。"盖已烹之矣。世岂少削圆方竹杖者哉！

【注释】

　　①鳞虫：指鱼和龙这类带鳞片的动物。

　　②羽虫：禽鸟类。

　　③紫燕：燕的一种。

　　④东方曼倩：东方朔（前154—前93年），字曼倩，西汉时期著名文学家，著有《答客难》《非有先生论》等名篇。

　　⑤金马门：汉代官门名称。汉武帝将大宛马铜铸像立于鲁班门外，将鲁班门更名为金马门。当时有很多文人待诏金马门，其中最有名的就是东方朔。

　　⑥邑侯：县令。

【译文】

　　鱼中的金鱼，鸟中的紫燕，可说是动物中的神仙。就像东方朔那样在金马门待诏隐居于市朝，别人却无法加害他。

【原评译文】

　　江含徵说：金鱼没有被投入滚烫的水中煮熟吃了，全凭借它突出的外貌和苦涩的味道。过去有人出高价寻求长相奇特的金鱼，然后把它送给县令。县令后来对那人说："你送给我的金鱼，根本没有任何滋味。"从而说明，县令把金鱼煮了。世

第九则

上难道没有把方型竹杖削圆的人吗？

第一○则

【原文】

入世须学东方曼倩，出世须学佛印了元①。

【原评】

江含徵曰：武帝高明喜杀，而曼倩能免于死者，亦全赖吃了长生酒耳。

殷日戒曰：曼倩诗有云："依隐玩世，诡时不逢。"以其所以免死也。

石天外②曰：入得世，然后出得世。入世、出世打成一片，方有得心应手处。

【注释】

①佛印了元：佛印（1032—1098 年），名了元，宋代云门宗僧人，与苏轼交往甚多。工书能诗，尤善言辩。

②石天外：即石庞。

【译文】

在朝廷当官应该向东方朔学习，超脱尘世应该向佛印法师学习。

【原评译文】

江含徵说：汉武帝的权势不容侵犯又喜爱杀人，可是东方朔却没有被他杀掉，主要是因为吃了神仙给他的长生酒罢了。

殷日戒说：东方朔曾在诗里说："身在朝廷，过着隐者一样的生活，不迎合时势，也就不会遭受祸害。"他是靠这种理念周旋于朝堂之上，才没有被汉武帝杀掉。

石天外说：在朝廷当官，又可以超脱尘世。将入世、出世巧妙结合起来，才能得心应手、游刃有余。

第一一则

【原文】

赏花宜对佳人，醉月宜对韵人，映雪①宜对高人②。

【原评】

余淡心曰：花即佳人，月即韵人，雪即高人。既已赏花、醉月、映雪，即与对佳人、韵人、高人无异也。

江含徵曰：若对此君仍大嚼，世间那有扬州鹤？

张竹坡曰：聚花、月、雪于一时，合佳、韵、高为一人，吾当不赏而心醉矣。

【注释】

①映雪：原指晚上借雪的反光读书，据传孙康家贫，常映雪读书，这里泛指赏雪。

②高人：志趣、品行高尚的人或超凡脱俗的人，多指隐士。

【译文】

欣赏盛开的鲜花应该有美人相伴，对着明月开怀畅饮时应该有风韵雅士相伴，欣赏雪景时应该与隐逸的高士一起。

【原评译文】

余淡心说：鲜艳的花朵就是美人，空中的明月就是风韵雅士，美丽的雪景就是隐逸高士。既然已经在赏花醉月映雪了，与美人、雅士、高士相处没有什么区别。

江含徵说：就像对着竹子依然大口吃肉一样，人世间哪会有"腰缠十万贯，骑鹤下扬州"这样称心如意的事情呢？

张竹坡说：把花、月、雪聚集在一起时，把美人、雅士、高士合并为一个人，我想还没来得及欣赏，心自然就陶醉了。

第一二则

【原文】

对渊博友，如读异书①；对风雅友，如读名人诗文；对谨饬友②，如读圣贤经传；对滑稽友，如阅传奇小说③。

【原评】

李圣许曰：读这几种书，亦如对这几种友。

张竹坡曰：善于读书取友之言。

【注释】

①异书：珍贵或罕见的书籍。李贤注引晋袁山松《后汉书》："充所作《论衡》，中土未有传者，蔡邕入吴始得之，恒秘玩以为谈助。其后王朗为会稽太守，又得其书，及还许下，时人称其才进。或曰：'不见异人，当得异书。'"

②谨饬友：指言行慎重、周到的朋友。

③传奇小说：泛指戏曲、小说。传奇本是中国古代小说的一种体裁，其源于六朝"志怪"，而内容已扩展到人情世态和社会生活的描写，情节曲折多变，内容离奇丰富。另外，后代的戏曲作品，尤其是明代长篇南戏作品，也称为传奇。

【译文】

与学识渊博的朋友相处，就像阅读世间少有的奇书；与风流俊雅的朋友相处，就像阅读名家写的诗文；与说话办事谨慎持重的朋友相处，就像阅读圣贤流传下来的典籍和传疏；与幽默诙谐的朋友相处，就像阅读充满奇闻逸事的小说。

【原评译文】

李圣许说：读这样的几种书，同时也像与这几种朋友相处。

张竹坡说：这是会读书会交友的人所发出的言论。

第一二则

第一三则

【原文】

楷书须如文人，草书须如名将，行书介乎二者之间，如羊叔子①缓带轻裘，正是佳处。

【原评】

程翔老②曰：心斋不工书法，乃解作此语耶？

张竹坡曰：所以羲之必做右将军。

【注释】

①羊叔子：即羊祜，字叔子，蔡邕外孙，泰山南城人。《晋书》有传，他是晋初名臣，文武双全，曾任荆州都督。

②程翔老：程京萼（1645—1715年），字韦华，一字翔老，号被斋、野处堂等，清代书法家，金陵上元（今江苏南京）人。

【译文】

楷书必须写得像文人一样端正从容，草书必须写得像名将一样恣意豪放，行书介于二者之间，就像晋代名将羊祜那样缓带轻裘，从容而潇洒，真是恰到好处。

【原评译文】

程翔老说：张潮先生不擅长书法，果真懂得说出这样专业的话吗？

张竹坡说：所以说，王羲之虽然是大书法家，但也是能够领兵打仗的右将军。

第一四则

【原文】

人须求可入诗，物须求可入画。

【原评】

龚半千[1]曰：物之不可入画者，猪也，阿堵物[2]也，恶少年也。

张竹坡曰：诗亦求可见得人，画亦求可像个物。

石天外曰：人须求可入画，物须求可入诗，亦妙。

【注释】

①龚半千：龚贤（1618—1689年），又名岂贤，字半千，一字野遗，号半亩居人、柴丈人、钟山野老等，明遗民，原籍昆山，隐居江宁清凉山下半亩园。善画山水，为金陵八家之首，能诗，兼工书法。著有《画诀》《香草亭集》《半亩园诗草》等。

②阿堵物：指钱。语出《世说新语·规箴》："王夷甫雅尚玄远，常忌其妇贪浊，口未尝言钱事。妇欲试之，令婢以钱绕床不得行。夷甫晨起，见钱阂行，呼婢曰：'举却阿堵物。'"阿堵，六朝人口语，即这个。后人遂以"阿堵物"指钱。

【译文】

人应该努力达到像诗中的风度气韵，物品应该争取达到像画中的优美外形。

【原评译文】

龚半千说：物品中有很多不能达到画中的境界，例如猪、钱、无赖少年。

张竹坡说：诗歌也要写得能够表达人形，画作画得也要求能像某个物品。

石天外说：人应该努力达到能够入画的形貌，物应该争取达到能够写入诗中，也很妙。

第一五则

【原文】

少年人须有老成①之识见，老成人须有少年之襟怀。

【原评】

江舍徵曰：今之钟鸣漏尽②、白发盈头者，若多收几斛③麦，便欲置侧室④，岂非有少年襟怀耶？独是少年老成者少耳。

张竹坡曰：十七八岁便有妾，亦居然少年老成。

李若金⑤曰：老而腐板，定非豪杰。

王司直^⑥曰：如此方不使岁月弄人。

【注释】

①老成：指年高有德或阅历多而练达世事的人，泛指成年人。

②钟鸣漏尽：晨钟已鸣，更漏将尽，指深夜，在这里比喻人年老力衰。

③斛：旧量器名，亦是容量单位，一斛本为十斗，后来改为五斗。

④侧室：妾。

⑤李若金：李淦（1626—？），字若金，一字季子，号水樵，南明举人，博学多才，性好山水，著有《砺园集》《燕翼篇》等。

⑥王司直：王臬，字司直，康熙间秀水（今浙江嘉兴）人，寓居南京。与其兄王概、王蓍皆能诗善画，他们合编了《芥子园画传》。

【译文】

年轻人应该具备老到成熟的见解，老年人应该具备年轻人朝气蓬勃的胸怀。

【原评译文】

江含徵说：如今那些年老力衰、满头白发的人，如果多收了几斛麦子，就想娶小妾，这样的人难道不是具有年轻人的情怀吗？只是年轻人中少有稳重老成的人。

张竹坡说：十七八岁就纳了妾，也算得上是少年老成。

李若金说：年纪大又刻板迂腐，这样的人肯定不是豪杰之士。

王司直说：这样的人才不会被岁月玩弄。

第一五则

第一六则

【原文】

春者，天之本怀①；秋者，天之别调②。

【原评】

石天外曰：此是透彻性命关头语。

袁中江③曰：得春气者，人之本怀；得秋气者，人之别调。

尤悔庵曰：夏者，天之客气④；冬者，天之素风⑤。

陆云士⑥曰：和神当春，清节为秋，天在人中矣。

【注释】

①本怀：本来的心愿、胸怀。

②别调：另一种风味、情调。

③袁中江：底本作"袁江中"，误。袁启旭，字士旦，号中江，宣城（在今安徽）人，侨居芜湖。著有《中江纪年诗集》。

④客气：古代用以说明气候变化的术语，与主气相对。主气指每年各个季节固定的气候变化，客气则指气候的具体变化。

⑤素风：此处大致意思如主气，意谓平素的作风。

⑥陆云士：陆次云，字云士，钱塘（今浙江杭州）人，清代文学家。著有《澄江集》《玉山词》等。

【译文】

生机勃勃的春天是大自然本来的面目，萧瑟洒脱的秋天是另外一番景致。

【原评译文】

石天外说：这是彻底领悟了生命进程而说出的话。

袁中江说：拥有生机勃勃之气的，是人的原本面目；拥有萧瑟洒脱之气的，这样的人别有一番格调。

尤悔庵说：夏季是上天过于偏激的表现，冬季才是上天的真实面貌。

陆云士说：心神和悦为春天，情操高洁为秋天，上天本来就在人心间。

第一七则

【原文】

昔人①云：若无花月美人，不愿生此世界。予益一语云：若无翰墨棋酒，不必定作人身。

【原评】

殷日戒曰：枉为人身，生在世界者，急宜猛省。

顾天石曰：海外诸国，绝无翰墨棋酒，即有，亦不与吾同，一般有人，何也？

　　胡会来曰：若无豪杰、文人，亦不须要此世界。

【注释】

　　①昔人：下文"若无花月美人"这段话，有好几种书都引用过。晚明曹臣编《舌华录》说是"吴�"所言，陈继儒编《竹屋三书》则说是"吴延祖"的话。吴遚、吴延祖具体情况不详，亦未知是否为同一人。

【译文】

　　昔日有人说：要是没有鲜花、明月和美人，就不想活着这个单调的世上。我再添加一句：如果没有文章、书画、围棋和美酒，就没有必要托生为人。

【原评译文】

　　殷日戒说：白白托生为人生活在这个世界上的，应该深刻反省自己。

　　顾天石说：海外的国家，没有文章、书画、围棋和美酒。就算是有，也与我们的有所不同，那里也同样生活着人类，这究竟是什么缘故呢？

　　胡会来说：要是没有豪杰之士与文人，也不需要有这个世界。

第一八则

【原文】

　　愿在木而为樗①（不才，终其天年），愿在草而为蓍②

（前知[③]），愿在鸟而为鸥（忘机[④]），愿在兽而为麃[⑤]（触邪），愿在虫而为蝶（花间栩栩[⑥]），愿在鱼而为鲲[⑦]（逍遥游）。

【原评】

吴菌次[⑧]曰：较之《闲情》[⑨]一赋，所愿更自不同。

郑破水[⑩]曰：我愿生生世世为顽石。

尤悔庵曰：第一大愿。又曰：愿在人而为梦。

尤慧珠[⑪]曰：我亦有大愿，愿在梦而为影。

弟木山曰：前四愿皆是相反。盖"前知"则必多"才"，"忘机"则不能"触邪"也。

【注释】

①樗：一种落叶乔木，俗名臭椿，气味很难闻，被古人认为是无用之材。

②蓍：蓍草，一种多年生草本植物，古人常以其茎作占卜以预测吉凶。

③前知：有预测能力，可以事先知道。

④忘机：忘却机诈、计较的心思，常用以指甘于淡泊、与世无争的心境。

⑤麃：就是"豸"，或作"獬豸"，古代传说中的神兽。

⑥花间栩栩：在花丛中愉悦从容地飞来飞去。语出《庄子·齐物论》："昔者庄周梦为胡蝶，栩栩然胡蝶也。"

⑦鲲：古代传说中的大鱼。出自《庄子·逍遥游》："北冥有鱼，其名为鲲。鲲之大，不知其几千里也。化而为鸟，其名为鹏。"

⑧吴菌次：吴绮（1619—1694 年），后改吴钟，字菌（古同

"园")茨，一作园次，号听翁、丰南、红豆词人等。工诗词和骈文，
被称为"江都才子"。著有《林蕙堂诗文集》等。

⑨《闲情》：指陶渊明的《闲情赋》。

⑩郑破水：郑晋德，字破水，安徽歙县人，著有《三友棋谱》。

⑪尤慧珠：即尤珍。

【译文】

如果做树的话，都希望做樗树（这种树不成材不能提供给
人使用，却能安享天年）；如果做草的话，都希望做蓍草（这
种草能预知未来）；如果做鸟的话，都希望做鸥鸟（这种鸟忘
却世俗）；如果做兽的话，都希望做廌（能够辨察邪恶）；如
果做昆虫的话，都希望做蝴蝶（可以在鲜花中翩翩起舞）；如
果做鱼的话，都希望做鲲（能够化作大鹏而自由自在地遨游）。

【原评译文】

吴菌次说：与陶渊明的《闲情赋》相比较，所希望的更加
不同。

郑破水说：我希望生生世世一直做没有经过开凿的石头。

尤悔庵说：第一大愿望。又说：愿世间的人都做心想事成
的梦。

尤慧珠说：我也有一个大愿望，希望在梦中做自己的
影子。

弟木山说：前四个愿望都彼此相反，只有能够预知未来才
是才能，忘却机心就不能分辨出邪恶。

第一九则

【原文】

　　黄九烟先生云："古今人必有其偶双[①]，千古而无偶者，其惟盘古[②]乎！"予谓盘古亦未尝无偶，但我辈不及见耳。其人为谁？即此劫[③]尽时，最后一人是也。

【原评】

　　孙松坪曰：如此眼光，何曾出牛背上耶！

　　洪秋士[④]曰：偶亦不必定是两人，有三人为偶者，有四人为偶者，有五六七八人为偶者，是又不可不知。

【注释】

　　①偶双：成双配对、与之相对的人。

　　②盘古：中国古代神话传说中开天辟地的人。

　　③劫：佛教认为天地不停地经历从形成到毁灭的循环过程，每一次循环称为一劫。劫，为梵文音译"劫波"的略称，意为极久远的时间。

　　④洪秋士：洪嘉植，字去芜，号秋士，安徽歙县人。著有《耕云子传》《大荫堂集》。

【译文】

　　黄九烟先生说："古往今来的人必然都有相匹配的对象，

自古以来没有与之相匹配的人，恐怕只有盘古吧！"我觉得盘古不是缺少相匹配的人，只不过我们这些人没能够见到而已。这个人到底是谁呢？就是历经劫难后，剩下的最后一个人。

【原评译文】

孙松坪说：拥有这样的眼光，不只是看得远啊！

洪秋士说：相匹配的不一定止于两个人，还有三人相匹配的，四人相匹配的，五六七八人相匹配的，这是不可不了解的。

第二○则

【原文】

古人以冬为三余①，予谓当以夏为三余：晨起者，夜之余；夜坐者，昼之余；午睡者，应酬人事②之余。古人诗云"我爱夏日长③"，洵不诬④也。

【原评】

张竹坡曰：眼前问冬夏皆有余者，能几人乎？

张迂庵曰：此当是先生辛未年以前语。

【注释】

①古人：三国时期魏国的董遇。三余：求学的人说苦于时间不够，董遇让他们利用"三余"的时间，就是"冬者岁之余，夜者日之

余，阴雨者时之余"。

②人事：交际应酬。

③我爱夏日长：这句诗出自唐文宗李昂与书法家柳公权的《夏日联句》："人皆苦炎热，我爱夏日长（李昂）。熏风自南来，殿角生微凉（柳公权）。"

④洵：诚然，确实。诬：欺骗，说谎。

【译文】

三国时期魏国的董遇把冬天当成"三余"之一。我认为也应该把夏天当成"三余"：清晨起来以后是夜的剩余，夜晚闲坐下来时是白天的剩余，午间睡觉时是应酬人和事后的剩余。古人的诗中说："我喜欢夏天漫长的白昼。"这句话很有道理，的确没有欺骗人。

【原评译文】

张竹坡说：现在问冬天和夏季都是余闲的，能有几个人呢？

张迂庵说：这应该是心斋先生在辛未年以前说出的话。

第二一则

【原文】

庄周梦为蝴蝶①，庄周之幸也；蝴蝶梦为庄周，蝴蝶之不幸也。

【原评】

黄九烟曰：惟庄周乃能梦为蝴蝶，惟蝴蝶乃能梦为庄周耳。若世之扰扰红尘者，其能有此等梦乎！

孙恺似曰：君于梦之中又占其梦耶！

江含徵曰：周之喜梦为蝴蝶者，以其入花深也。若梦甫②醄而乍醒，则又如嗜酒者梦赴席而为妻惊醒，不得不痛加诟诟矣。

张竹坡曰：我何不幸而为蝴蝶之梦者？

【注释】

①庄周梦为蝴蝶：庄子梦中化为蝴蝶。故事出自《庄子·齐物论》中的一段议论："昔者庄周梦为胡蝶，栩栩然胡蝶也。自喻适志与！不知周也。俄然觉，则蘧蘧然周也。不知周之梦为胡蝶与？胡蝶之梦为周与？周与胡蝶，则必有分矣。此之谓物化。"

②甫：刚刚，才。

【译文】

庄周在梦中变成蝴蝶，是庄周的幸运；蝴蝶在梦中变成庄周，是蝴蝶的不幸。

【原评译文】

黄九烟说：只有庄周能够做梦时变成蝴蝶，只有蝴蝶能够做梦时化为庄周。像世上那些扰扰嚷嚷于红尘之中的人，怎么能够做出这样的梦呢？

孙恺似说：您在梦中能推测出庄周的梦吗？

江含微说：庄周乐于梦见蝴蝶，原因在于他正在花丛深处。就好像喜欢喝酒的人梦见去赴宴，却被妻子叫醒，不得不加倍责骂妻子。

张竹坡说：我是何等不幸而成为蝴蝶所梦到的那个人呢？

第二二则

【原文】

艺花可以邀蝶①，累石可以邀云②，栽松可以邀风③，蓄水可以邀萍，筑台④可以邀月，种蕉⑤可以邀雨，植柳可以邀蝉。

【原评】

曹秋岳曰：藏书可以邀友。

崔莲峰⑥曰：酿酒可以邀我。

尤艮斋⑦曰：安得此贤主人？

尤慧珠曰：贤主人非心斋而谁乎？

倪永清⑧曰：选诗可以邀谤。

陆云士曰：积德可以邀天，力耕可以邀地，乃无意相邀而若邀之者，与邀名邀利者迥异。

庞天池曰：不仁可以邀富〔1〕。

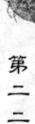

---

〔1〕 此种说法显然是庞天池为应和作者原文所作，颇牵强附会。

【注释】

①艺花：种植花草。邀：邀请，这里是招致、招引的意思。

②累石：把石头堆叠成假山。邀云：古人认为云与山石有密切关系云从山石深穴中出来，又回到石穴中休憩，所以山崖石穴被称为云根，云根处的矿石被称为云母、云英等。

③栽松可以邀风：风吹过松林可以发出特殊的松涛声。

④台：古时修建的一种高而平的方形建筑，用以观赏四面风景。

⑤蕉：即芭蕉，芭蕉叶子大，同荷叶一样，雨点落在芭蕉叶子上发出很响的声音，且连续不断。

⑥崔莲峰：即崔华，字莲峰，号不凋，直隶平山人。与儿子崔如岳一起点评了《幽梦影》。

⑦尤艮斋：即尤侗。

⑧倪永清：生卒年不详，法名超定，松江（今属上海）人。《五灯全书》卷九十七有载："（松江倪超定永清居士）淹博古今，以诗名世。"

【译文】

　　培养花卉能够引来蝴蝶，堆叠奇石能够引来白云，栽植松树能够引来清风，蓄积池水能够引来浮萍，建筑高台能够引来月光，栽种芭蕉能够引来雨水，种植柳树能够引来鸣蝉。

【原评译文】

　　曹秋岳说：藏书能够引来朋友。

　　崔莲峰说：酿酒能够把我吸引来。

　　尤艮斋说：为什么能够遇到这样好的主人？

尤慧珠说：这样好的主人不是张潮先生还会是谁呢？

倪永清说：偏好同一类诗歌会招致毁谤。

陆云士说：积累德行能够得到上天的保佑，努力耕作能够得到大地的保佑。看似无意招致却又像是有意邀请而到来，与追求名利的完全不同。

庞天池说：不讲仁德的人可以得到富贵。

第二三则

【原文】

景有言之极幽①而实萧索②者，烟雨也；境有言之极雅③而实难堪者，贫病也；声有言之极韵④而实粗鄙者，卖花声也。

【原评】

谢海翁⑤曰：物有言之极俗而实可爱者，阿堵物也。

张竹坡曰：我幸得极雅之境。

【注释】

①幽：幽静闲雅。

②萧索：凄凉寂寞。

③言之极雅：指清贫衰病则没有富贵污浊、应酬奉迎一类事情，显得志行高洁、环境清雅。

④韵：富于韵致。

⑤谢海翁：即谢开宠，字晋侯，号海翁，寿州（今属安徽）人。

顺治九年（1652 年）进士。《檀几丛书》初集收录其《元宝公案》。

【译文】

有的景色说起来很幽雅清静，实际上非常冷落萧条，是迷蒙的烟雨所造成的；有的境况说起来非常风雅，实际上让人难以忍受，是贫病交加所造成的；有的说出来非常有韵味，实际上很难听，这就是卖花的叫声。

【原评译文】

谢海翁说：有的物品说起来很俗气，实际上非常可爱，钱就是这样。

张竹坡说：我非常有幸生活于优雅的境况之中。

第二四则

【原文】

才子而富贵，定从福慧双修^①得来。

【原评】

冒青若曰：才子富贵难兼。若能运用富贵，才是才子，才是福慧双修。世岂无才子而富贵者乎？徒自贪着，无济于人，仍是有福无慧。

陈鹤山^②曰：释氏云："修福不修慧，象身挂璎珞^③；修慧不修福，罗汉供应薄。"正以其难兼耳。山翁发为此论，直是夫子自道。

江含徵曰：宁可拼一副菜园肚皮，不可有一副酒肉面孔。

【注释】

①福慧双修：既有福分，又聪明灵慧。

②陈鹤山：即陈翼，字鹤山，长洲（今江苏苏州）人。孔尚任至扬州为官，欣赏他的文才，将其纳为幕僚。曾为孔校订《湖海集》，自己著有《草堂集》。

③璎珞：用线缕珠宝结成的装饰品。

【译文】

作为才子而又出生在富贵之家，必然是从福和慧两个方面共同修行而得来的。

【原评译文】

冒青若说：才子和富贵很难同时兼得，如果能把富贵巧妙地利用好，才是真正的才子，才是福和慧共同修行的结果。世上难道就没有既是才子又出身富贵的人吗？那些贪婪自私，不肯帮别人的人，即便有福气也没有智慧。

陈鹤山说：佛家说："如果修福报而不修慧根，就如同大象浑身挂满璎珞。如果修慧根而不修福报，就如同阿罗汉只能得到极少布施。"如此而言，福与慧难以同时兼备。张潮先生发出的这番言论，就是在说自己。

江含徵说：宁可让肚皮内每天填充蔬菜，绝不能拥有一张贪婪庸俗的酒肉面孔。

第二五则

【原文】

新月①恨其易沉，缺月②恨其迟上。

【原评】

孔东塘③曰：我唯以月之迟早为睡之迟早耳。

孙松坪曰：第勿使浮云点缀，尘滓太清④，足矣。

冒青若曰：天道忌盈。沉与迟，请君勿恨。

张竹坡曰：易沉、迟上，可以卜君子之进退。

【注释】

①新月：农历每月初出的弯月，这时的月亮是上弦月。

②缺月：农历每月月末出现的残月，此时的月亮为下弦月。

③孔东塘：孔尚任（1648—1718 年），字聘之，号东塘、云亭山人。孔子六十四代孙。清初著名戏曲作家。一生共编撰传奇两部，一是与顾彩合撰的《小忽雷》，一是《桃花扇》。另有大量诗文作品，刊刻有《湖海集》《岸堂文集》《长留集》等多种。

④第：但，只要。尘滓：这里作动词用，污染之意。太清：指天空。

【译文】

上弦月让人遗憾，因为它落得太快；下弦月让人遗憾，因为它升起的时候太晚。

【原评译文】

孔东塘说：我的作息时间以月亮为标准，月亮升得早我就睡得早，月亮升得晚我就睡得晚。

孙松坪说：只要天空不被浮云遮挡住，不被尘埃污染，对我而言就足够了。

冒青若说：天道不喜欢圆满，月亮很快落下与很晚升起是正常现象，请您不要有什么遗憾。

张竹坡说：根据月亮容易落下与很晚升起，可以预测出君子在人生旅途中的进与退。

第二六则

【原文】

躬耕①吾所不能，学灌园②而已矣；樵薪吾所不能，学薙草③而已矣。

【原评】

汪扶晨曰：不为老农而为老圃，可云半个樊迟④。

释菌人曰：以灌园、薙草自任自待，可谓不薄。然笔端隐隐有"非其种者，锄而去之"之意。

王司直曰：予自名为识字农夫，得毋⑤妄甚？

【注释】

①躬耕：亲自去耕田种地。

②灌园：在田园里从事劳动，这里主要是指浇灌园圃、养花种菜一类较轻松的活。

③薙草：除去野草。

④樊迟：孔子的学生，字子迟，春秋末齐国人。

⑤得毋：岂非，是不是。

【译文】

亲自耕种田地我无能为力，学着浇灌园圃勉强可以；像樵夫那样砍柴我做不到，学着拔除杂草还是可以的。

【原评译文】

汪扶晨说：不做农夫而做老园翁，可以说像半个樊迟。

释菌人说：让我承担灌溉园圃、拔除杂草的事，可以说上天已经对我不薄了。可是，笔端隐隐出现"不是自己所种植的苗，一定要锄掉"的意思。

王司直说：我常常把自己称为识字的农夫，这种想法是不是太狂妄了？

第二七则

【原文】

一恨书囊易蛀，二恨夏夜有蚊，三恨月台①易漏，四恨菊叶多焦[②]，五恨松多大蚁，六恨竹多落叶，七恨桂荷易谢[③]，八恨薜萝[④]藏虺，九恨架花生刺，十恨河豚[⑤]多毒。

【原评】

江菡庵曰：黄山松并无大蚁，可以不恨。

张竹坡曰：安得诸恨物尽有黄山乎！

石天外曰：予另有二恨，一曰才人无行，二曰佳人薄命。

【注释】

①月台：古时修筑月台，台上修建供人赏月的亭榭，叫作月榭。这里说的月台泛指赏月的台榭。

②焦：焦黄，焦枯。

③桂荷易谢：荷花夏季开放，桂花中秋前后开放，它们的花期都不长。

④薜萝：薜荔和女萝的合称，薜荔是藤本植物，女萝是地衣类植物，它们都是攀缘乔木而生长。

⑤河豚：鱼名。肉味鲜美，但肝脏、生殖腺及血液里含有毒素。

【译文】

我第一恨的就是装书的袋子容易被虫咬破，第二恨的就是夏天夜晚的蚊子，第三恨的就是赏月的高台容易塌陷，第四恨的就是菊花的叶片容易焦枯，第五恨的就是松树上出现很多大蚂蚁，第六恨的就是竹子落的叶子太多，第七恨的就是桂花、荷花太容易凋谢，第八恨的就是薜荔和女萝的下面隐藏有毒蛇，第九恨的就是攀附在架子上的花枝上长着刺，第十恨的就是河豚有剧毒。

【原评译文】

江菂庵说：黄山的松树上就没有大蚂蚁，可以不用产生憾恨。

张竹坡说：怎么才能使各种遗憾之物都生长在黄山呢？

石天外说：我另外有两个憾恨，一是有才华的人德行不好，二是红颜薄命。

第二八则

【原文】

楼上看山，城头看雪，灯前看月，舟中看霞，月下看美人，另是一番情境。

【原评】

江允凝①曰：黄山看云，更佳。

倪永清曰：做官时看进士，分金处看文人。

毕右万②曰：予每于雨后看柳，觉尘襟俱涤。

尤谨庸曰：山上看雪，雪中看花，花中看美人，亦可。

【注释】

①江允凝：江注（1626—1685 年），字允凝，一字允冰，号若米舫，歙县（今属安徽）人。传世画作有《黄山图》《著色山水人物图》《小青绿山水图》等。著有《允凝诗草》。

②毕右万：毕三复，字右万，歙县（今属安徽）人，著有《枞亭近稿》。

【译文】

在高楼上眺望远处的山，在城头上遥看远处的雪景，在华灯前仰望天上的月亮，在小船上看天边的云霞，在月光下欣赏美人，别是一番情趣。

【原评译文】

江允凝说：在黄山上观看白云，那种感觉会更好。

倪永清说：做官时看进士的志向，分钱财时看读书人的人品。

毕右万说：我常常在雨后看柳树，感到世俗情怀都被雨洗涤一空。

尤谨庸说：在山上欣赏雪景，雪景里欣赏花，在花丛里欣赏美人，也非常好。

第二九则

【原文】

山之光，水之声，月之色，花之香，文人之韵致，美人之姿态，皆无可名状①，无可执著②，真足以摄召魂梦，颠倒情思③。

【原评】

吴街南①曰：以极有韵致之文人，与极有姿态之美人，共坐于山、水、花、月间，不知此时魂梦何如？情思何如？

【注释】

①无可名状：没有办法具体描摹、形容出来。

②执著：这里是掌握、看得见摸得着的意思。

③摄召魂梦，颠倒情思：使人魂牵梦绕，牵肠挂肚，无法忘怀。

④吴街南：吴肃公（1626—1699年），字雨若，别号街南。为明末清初江南遗民中重要的学者、史学家、文学家，一生著作颇丰。撰有《诗问》《读礼问》《姑山事录》《明语林》《街南文集》《续集》等。

【译文】

山出现的光影，水发出的声响，月光显现的颜色，花散发的香气，文人的气韵和风致，美人的容貌和仪态，都无法用言语来形容，都不能刻意追求，这些的确足以让人魂牵梦萦，思慕着迷而难以忘怀。

【原评译文】

吴街南说：如果让非常有气韵风致的文人和非常有容貌仪态的美人，相伴于山水间、花前月下，那就不知道当时的魂牵梦绕是什么样子了？思慕着迷又是什么样子了？

第三○则

【原文】

　　假使梦能自主，虽千里无难命驾[1]，可不羡长房之缩地[2]；死者可以晤对[3]，可不需少君[4]之招魂；五岳可以卧游[5]，可不俟[6]婚嫁之尽毕。

【原评】

　　黄九烟曰：予尝谓鬼有时胜于人，正以其能自主耳。

　　江含徵曰：吾恐"上穷碧落下黄泉，两地茫茫皆不见"也。

　　张竹坡曰：梦魂能自主，则可一生死[7]，通人鬼。真见道之言矣。

【注释】

　　①虽：即使。命驾：命令赶车的人准备车辆马匹，准备出行。

　　②长房：即费长房，东汉汝南人，有名的术士，他最奇妙的神术是缩地术。缩地：将地缩短。

　　③晤对：见面。

　　④少君：应该是"少翁"，姓李，汉代方士，擅长招魂之术。

　　⑤卧游：原意是在屋里欣赏山水风景的画图，以想象来代替亲自游览。

　　⑥俟：等到。

⑦一生死：将生、死当成同一事物。

【译文】

倘若梦境能够自己做主的话，即便远隔千里也容易前往，就可以不再羡慕费长房的缩地术了；倘若能和死去的人见面，就不再需要李少翁的招魂术了；倘若可以躺在床上神游五岳，就没有必要非等到儿女婚嫁之事全部完成后才去游览了。

【原评译文】

黄九烟说：我曾说过鬼有的时候能胜过人，这是因为鬼能够自己做主。

江含徵说：我最担心的是"上穷碧落下黄泉，两地茫茫皆不见"的失落感。

张竹坡说：梦境中魂魄可以自己做主，可以把生与死视为同一物，往来于人鬼之间。真是洞彻真理的语言。

第三一则

【原文】

昭君以和亲而显①，刘蕡②以下第而传。可谓之不幸，不可谓之缺陷。

【原评】

江含徵曰：若故折黄雀腿而后医之，亦不可。

尤悔庵曰：不然，一老宫人，一低进士耳。

【注释】

①显：扬名，闻名。

②刘蕡：字去华，唐朝幽州昌平（今属北京）人。考进士时在对策中痛斥当时宦官专权，考官认为他的胆识超过汉代以敢言直谏闻名的晁错、董宣，但还是因畏惧宦官的权势而不敢录取他。

【译文】

王昭君由于出塞和亲而闻名古今；刘蕡由于赶考落第而名传天下，他们的命运可以称之为不幸，但不能称之为有所缺陷。

【原评译文】

江含徵说：如果故意折断黄雀的腿，再对它进行医治，是不可以的。

尤悔庵说：如果不这样的话，王昭君在宫内只能随着时间流逝变成老宫女，刘蕡顶多算个年轻的进士罢了。

第三二则

【原文】

以爱花之心爱美人，则领略自饶别趣①；以爱美人之心爱花，则护惜倍有深情。

【原评】

冒辟疆②曰：能如此，方是真领略、真护惜也。

张竹坡曰：花与美人何幸，遇此东君③。

【注释】

①别趣：特别的情趣。

②冒辟疆：即冒襄（1611—1693 年），字辟疆，号巢民、朴巢，晚年自号醉茶老人。擅古文、诗、词，书法亦工。著有《巢民诗集》《巢民文集》《影梅庵忆语》等。是我国忆语体文字的鼻祖。

③东君：这里的意思是东家，对主人的尊称。

【译文】

以怜爱花朵的心态去爱美人，就会感受到别样的情趣；以怜爱美人的心态去爱惜花朵，那么对花朵的爱护和怜惜之情就会加倍得深。

【原评译文】

冒辟疆说：若能达到这种境界，才是真正的领会和欣赏、真正的爱护和怜惜。

张竹坡说：花朵与美人是多么的幸运，能遇到这样的主人！

第三三则

【原文】

美人之胜于花者，解语也①；花之胜于美人者，生香②也。二者不可得兼，舍生香而取解语者也。

【原评】

王勿翦③曰：飞燕吹气若兰④，合德⑤体自生香，薛瑶英⑥肌肉皆香。则美人又何尝不生香也！

【注释】

①美人之胜于花者，解语也：这里是用唐明皇评论杨贵妃的典故，出自五代王仁裕《开元天宝遗事·解语花》。解语：懂得言语。

②生香：有香气，散发香气。

③王勿翦：即王棠，字勿翦，歙县（今属安徽）人，著有《燕在阁文集》《燕在阁知新录》等。

④飞燕：指汉成帝的皇后赵飞燕。吹气若兰：气息清香若兰花，形容美女的呼吸。

⑤合德：相传是赵飞燕之妹，后取代赵飞燕，成为成帝最宠幸的妃嫔，被封为昭仪。

⑥薛瑶英：唐代宰相元载的宠妾，据《杜阳杂编》记载，薛瑶英"仙姿玉质，肌香体轻"。

【译文】

美人胜于鲜花之处，在于美人能善解人意；鲜花胜于美人之处，在于鲜花可以散发迷人的香气。如果二者不能同时兼得，就舍弃能够散发香气的鲜花而选择善解人意的美人。

【原评译文】

王勿翦说：赵飞燕呼吸的气息如同兰花的香气一样，赵飞燕的妹妹赵合德的身体天生就能够散发香气，薛瑶英的皮肤有一股香味，由此可见美人也会散发香气。

第三四则

【原文】

窗内人于窗纸上作字①，吾于窗外观之，极佳。

【原评】

江含徵曰：若索债人于窗外纸上画，吾且望之却走矣②。

【注释】

①作字：写字。

②且：将，将要。却走：退，退避。

【译文】

窗子里的人用笔在窗户纸上写字，我在窗外观看，这种情景非常美妙。

江含徵说：如果讨债之人在窗外的纸上写字，我看见后就要躲开。

第三五则

【原文】

少年读书，如隙中窥月①；中年读书，如庭中望月②；老年读书，如台上玩月③。皆以阅历之浅深，为所得之浅深耳。

【原评】

黄交三曰：真能知读书痛痒者也。

张竹坡曰：吾叔此论，直置身广寒宫里，下视大千世界，皆清光似水矣。

毕右万曰：吾以为学道亦有浅深之别。

【注释】

①隙中窥月：从窗户的缝隙中窥视月亮，比喻读书仅仅窥见其一斑未见到其全貌。

②庭中望月：站在院子里观望月亮，比喻读书已能整体把握，得其全豹，只是立足点还不够高。

③台上玩月：在高大宽敞的月台上玩赏月亮，比喻学识很深。读

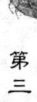

书已能做到取舍自如，尽得其精华。

【译文】

少年时读书，就如同从缝隙中窥视明月；中年时读书，就如同站在庭院之中仰头望空中的月亮；老年时读书，就如同独自站立在高台赏玩明月。能够产生这些感觉，都是因为人生阅历的深浅，直接决定了读书过程中所领悟的深浅不同。

【原评译文】

黄交三说：张潮先生是真正知道读书重要性的人，知道哪些知识重要哪些知识不重要的人。

张竹坡说：我叔叔的这番言论，简直就像置身广寒宫中，俯瞰下面的大千世界，满眼一片清辉，如同水一样。

毕右万说：我认为学道也有浅与深的区别。

第三六则

【原文】

吾欲致书雨师①：春雨宜始于上元节后（观灯已毕），至清明十日前之内（雨止桃开），及谷雨节中；夏雨宜于每月上弦之前，及下弦之后（免碍于月）；秋雨宜于孟秋、季秋之上、下二旬（八月为玩月胜境）；至若三冬，正可不必雨也。

【原评】

孔东塘曰：君若果有此牍，吾愿作致书邮也。

余生生②曰：使天而雨粟，虽自元旦雨至除夕，亦未为不可。

张竹坡曰：此书独不可致于巫山雨师。

【注释】

①致书：给人写信。雨师：神话传说中专司降雨的神。

②余生生：余飴（1607—1685年），字生生，号钝庵。其作诗不屑为近体，卓尔堪《明遗民诗》谓其"好为古诗，有汉、魏风骨"。著有《增益轩诗草》。

【译文】

我想给主管下雨的神灵写一封信：春雨应该出现在上元节以后（因为人间已经看完了花灯），停雨的时候应该在清明节前十天（雨一旦停止桃花就盛开）一直到谷雨节这段时间；夏天降雨应该在每月的上弦月之前和下弦月之后（这样就不妨碍月亮出现）；秋雨适合在孟秋和季秋的上下两旬（八月是观赏月亮的最佳时刻）；至于冬天，正好没有必要下雨了。

【原评译文】

孔东塘说：张潮先生您要是真写了这样一封信，我愿意为您送信。

余生生说：假如天上下的是粟谷，哪怕从元旦下到除夕，也是可以的。

张竹坡说：这封书信唯独不能送给巫山雨师。

第
三
六
则

第三七则

【原文】

为浊富^①，不若为清贫；以忧生^②，不若以乐死。

【原评】

李圣许曰：顺理而生，虽忧不忧；逆理而死，虽乐不乐。

吴野人^③曰：我宁愿为浊富。

张竹坡曰：我愿太奢，欲为清富，焉能遂愿！

【注释】

①浊富：为富不仁，贪婪而卑鄙。

②以忧生：在忧愁窘迫中苟且偷生。

③吴野人：吴嘉纪（1618—1684 年），字宾贤，号野人，泰州东淘（今江苏东台）人。明末诸生。入清以遗民隐居家乡，名所居曰"陋轩"。"其诗孤冷，亦自成一家"，著有《陋轩诗》。

【译文】

做心地不仁慈的富人，还不如当一个甘守清贫的穷人；整天在忧愁苦闷中求生，还不如乐观地死去。

【原评译文】

李圣许说：顺应天道而生，尽管身处忧虑的境地也丝毫不必忧虑；不顺应天道而死，尽管痛快实际上并不快乐。

吴野人说：我情愿做心地不仁慈的富人。

张竹坡说：我的愿望太过于奢侈，想做有仁慈之心的富人，这个愿望如何才能实现呢？

第三八则

【原文】

天下唯鬼最富，生前囊无一文，死后每饶楮镪^①；天下唯鬼最尊，生前或受欺凌，死后必多跪拜。

【原评】

吴野人曰：世于贫士，辄目为穷鬼，则又何也？

陈康畴曰：穷鬼若死，即并称尊矣。

【注释】

①楮镪：即纸钱。据旧时迷信说法，是焚化给死者在阴间使用的钱。楮：树名，皮可以制纸，后来就代指纸。镪：成串的钱。明清时期多指银子或银锭。

【译文】

天下唯有鬼最富有，生前口袋里没有一文钱，死后会有很多纸钱纸锭供其享用；天下唯有鬼最尊贵，生前有的受尽他人的凌辱和欺侮，死后必然有很多人对他跪拜。

【原评译文】

吴野人说：世间的穷苦读书人，总被称之为穷鬼，这究竟是什么原因呢？

陈康畴说：穷鬼一旦死了，自然也就称尊贵了。

058

第三九则

【原文】

蝶为才子之化身①，花乃美人之别号。

【原评】

张竹坡曰："蝶入花房香满衣"，是反以金屋储才子矣。

【注释】

①蝶为才子之化身：这里用《庄子·齐物论》中"庄周梦蝶"的典故。

【译文】

蝴蝶是才子转化而形成的，花朵是美人的另外一个名称。

【原评译文】

张竹坡说："蝶入花房香满衣"，是反倒把才子用金屋储藏。

第四○则

【原文】

因雪想高士，因花想美人，因酒想侠客，因月想好友，因山水想得意诗文。

【原评】

弟木山曰：余每见人一长一技，即思效之；虽至琐屑，亦不厌也。大约是爱博而情不专。

张竹坡曰：多情语令人泣下。

尤谨庸曰：因得意诗文，想心斋矣。

李季子^①曰：此善于设想者。

陆云士曰：临川^②谓"想内成，因中见"，与此相发。

【注释】

①李季子：李淦，字听涛，江苏常州人，清朝画家，作品收录到《毘陵画徵录》《中国版画史图录》。

②临川：汤显祖（1550—1617 年），字义仍，号若士，临川（今江西抚州）人。明代戏曲家、文学家。著有传奇《牡丹亭》《邯郸记》《南柯记》《紫钗记》，合称《玉茗堂四梦》，其中以《牡丹亭》最著名。与关汉卿、王实甫齐名，在中国乃至世界文学史上都有着重要的地位。

【译文】

看到雪就想起隐逸在世外的高士，看到鲜艳的花朵就想到漂亮的女子，由于饮酒而想到行走江湖的豪爽侠士，看到月亮就思念好朋友，看到山水美景就想到平生最满意的诗文。

【原评译文】

弟木山说：我一旦遇到别人有长处或技艺，就想向对方学习；即便极为琐碎，也不会因此而厌烦。这大概就是爱好广博而用情不专吧。

张竹坡说：多情的言语，让人感动得流下眼泪。

尤谨庸说：因为写出满意的诗文而想念张潮先生。

李季子说：这完全是善于设想。

陆云士说：汤显祖说"想内成，因中见"，与这一条相互呼应相互印证。

第四一则

【原文】

闻鹅声，如在白门①；闻橹声，如在三吴②；闻滩声，如在浙江③；闻骡马项下铃铎④声，如在长安道上。

【原评】

聂晋人⑤曰：南无观世音菩萨摩诃萨！

倪永清曰：众音寂灭^⑥时，又作么生^⑦话会？

【注释】

①白门：金陵（今南京）。

②三吴：地名，指江南吴兴、苏州一带。三吴地处水乡，出行多划船，故多橹声。

③浙江：又名桐江、钱塘江。钱塘潮极有名。

④铃铎：泛指铃铛，铎是大铃。

⑤聂晋人：即聂先，字晋人，庐陵（今江西吉安）人。所编撰《续指月录》是了解禅宗人物和禅宗发展史的重要参考书，康熙十九年（1680年）刊行。

⑥寂灭：佛教用语，"涅槃"的意译。

⑦么生：什么。

【译文】

听到鹅的叫声，就好像来到南京；听到船上桨橹的声音，就好像身处三吴；听到滩头湍急的浪声，就好像进入钱塘江；听到骡马脖子下铃铛的响声，就好像行走在长安的大道上。

【原评译文】

聂晋人说：南无观世音菩萨摩诃萨！

倪永清说：当世间所有的声音都灭绝沉寂后，还会想到什么声音呢？

第四二则

【原文】

　　一岁诸节，以上元为第一，中秋次之，五日、九日又次之。

【原评】

　　张竹坡曰：一岁当以我畅意日为佳节。

　　顾天石曰：跻上元于中秋之上，未免尚耽绮习①。

【注释】

　　①耽：沉溺，沉迷于。绮习：浮艳的风习。

【译文】

　　一年之中的各种节日，我觉得上元节最好，中秋节次之，端午节和重阳节就更次要一些。

【原评译文】

　　张竹坡说：一年之中我认为最舒畅最快意的节日为佳节。

　　顾天石说：把上元节置于中秋节之上，未免是沉迷于艳丽的风俗习气之中。

第四三则

【原文】

雨之为物，能令昼短，能令夜长。

【原评】

张竹坡曰：雨之为物，能令天闭眼，能令地生毛，能为水国广封疆①。

【注释】

①广：扩大，扩充。封疆：分封土地的疆界，疆土。

【译文】

雨这个东西，可以让白天变短，也可以让夜晚变长。

【原评译文】

张竹坡说：雨这个东西，可以让天闭上眼睛，可以让地上生出草木，可以让水国泽乡扩充疆域。

第四四则

【原文】

古之不传于今者，啸①也，剑术也，弹棋②也，打毬③也。

【原评】

　　黄九烟曰：古之绝胜于今者，官妓④、女道士⑤也。

　　张竹坡曰：今之绝胜于古者，能吏也，猾棍⑥也，无耻也。

　　庞天池曰：今之必不能传于后者，八股⑦也。

【注释】

　　①啸：噘口发出长而清越的声音。《后汉书·方术传下·刘根》："根於是左顾而啸。"

　　②弹棋：古时候的一种赌博游戏，据说起于汉成帝时。方法是两人对局，用手巾之类弹拨棋子。

　　③打毬：打毬游戏有两种，一种是蹴鞠，类似今天的足球游戏；一种是打马球，始于唐代，到明代还流行。

　　④官妓：古代供奉官员的妓女。

　　⑤女道士：唐时称女冠，由官方给田，其身份有时类似于官妓。

　　⑥猾棍：狡猾的恶棍。

　　⑦八股：明清科举制度的一种考试文体。内容空泛，形式死板。

【译文】

　　古时候有却没能流传到现在的有：长啸、剑术、弹棋、打毬。

【原评译文】

　　黄九烟说：古代远远胜于今天的，是官妓、女道士。

　　张竹坡说：今天远远胜于古代的，是能干的官吏、狡猾的恶棍、无耻的小人。

庞天池说：今天有而不能流传于世的，是八股文。

第四五则

【原文】

诗僧时复有之，若道士之能诗者，不啻空谷足音①，何也？

【原评】

毕右万曰：僧道能诗，亦非难事；但惜僧道不知禅玄耳。

顾天石曰：道于三教②中，原属第三。应是根器③最钝人做，那得会诗！轩辕弥明④，昌黎⑤寓言耳。

尤谨庸曰：僧家势利第一，能诗次之。

倪永清曰：我所恨者，辟谷之法⑥不传。

【注释】

①不啻：无异于，简直就是。空谷足音：空旷山谷中的脚步声。比喻稀有难得。

②三教：指儒、道、释。

③根器：佛教用语，指人的禀赋、气质。

④轩辕弥明：唐代衡山道士，据传住在衡湘间九十余年。滑稽多智，擅长作诗。

⑤昌黎：韩愈（768—824年），字退之，河阳（今属河南）人。唐代文学家、哲学家。古文运动的倡导者，因韩氏郡望在昌黎（今属

河北），后人称其为"韩昌黎"。唐宋八大家之首，与柳宗元并称"韩柳"，著有《昌黎先生集》等。

⑥辟谷之法：道家修炼的一种方法，即能够断绝食物，只凭元气而生存。

【译文】

经常有僧人以写诗而出名，可是身为道士又会写诗的人，就好像空山里传出的脚步声一样稀少，这是为什么呢？

【原评译文】

毕右万说：僧人、道士会写诗，并不是多么困难的事。只可惜有些僧人、道士不懂得谈禅说玄。

顾天石说：道教在三教之中排在第三，天生愚钝的人才从事道教，他们怎么可能会写出诗呢？轩辕弥明联句作诗，不过是韩愈先生写的寓言故事而已。

尤谨庸说：僧人把势利看得最重，写诗放在次要位置。

倪永清说：我最为遗憾的是，前人没能把辟谷的方法流传下来。

第四六则

【原文】

当为花中之萱草①，毋为鸟中之杜鹃②。

【原评】

袁翔甫补评曰：萱草忘忧，杜鹃啼血。悲欢哀乐，何去何从？

【注释】

①萱草：又名忘忧草，据说吃了可以使人忘忧。出自三国时嵇康的《养生论》："合欢蠲忿，萱草忘忧，愚智所共知也。"

②毋：勿，不要。杜鹃：鸟名。又名子规、催归等。

【译文】

要做花中让人见到就忘记忧愁的萱草，不要做鸟中一鸣叫就让人伤心的杜鹃。

【原评译文】

袁翔甫补评说：萱草能够忘记忧愁，杜鹃啼血哀鸣。悲欢哀乐，来自哪里又将去向哪里呢？

第四七则

【原文】

物之稚①者，皆不可厌，惟驴独否。

【原评】

黄略似②曰：物之老者，皆可厌；惟松与梅则否。

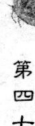

倪永清曰：惟癖于驴者，则不厌之。

【注释】

①稚：幼小。

②黄略似：黄周星（1611—1680 年），字九烟，又字景明，改字景虞，号圃庵、而庵，别署笑苍道人、汰沃主人等。湖南湘潭（一说江苏上元）人。著有《夏为堂集》《制曲枝语》。所撰传奇《人天乐》，杂剧《惜花报》《试官述怀》，今存于世。

【译文】

幼小的动物都不让人生厌，唯有驴让人讨厌。

【原评译文】

黄略似说：物中的那些苍老者都让人生厌，只有松树和梅树不会让人讨厌。

倪永清说：唯有喜欢驴的人，不讨厌幼小的驴。

第四八则

【原文】

女子自十四五岁至二十四五岁，此十年中，无论燕、秦、吴、越①，其音大都娇媚动人；一睹其貌，则美恶判然②矣。"耳闻不如目见"，于此益信。

【原评】

吴听翁曰：我向以耳根之有余，补目力之不足；今读此，乃知卿言亦复佳也。

江含徵曰：帘为妓衣^③，亦殊有见。

张竹坡曰：家有少年丑婢者，当令隔屏私语，灭烛侍寝。
何如？

倪永清曰：若逢美貌而恶声者，又当何如？

【注释】

①燕、秦、吴、越：燕地即今河北一带，秦地即今陕西一带，吴
越即今江浙一带，这里泛指东西南北各地。

②判然：分得清清楚楚、明明白白。

③帘为妓衣：《梁书·夏侯亶传》："（亶）晚年颇好音乐，有妓
妾十数人，并无被服姿容。每有客，常隔帘奏之，时谓帘为夏侯妓衣
也。"后来即用"妓衣"作为帘的另一种称呼。

【译文】

女子从十四五岁到二十四五岁，这十年内，无论在燕地、
秦地、吴地、越地或其他地方，她们的声音听起来大多数都娇
媚动听。可是一旦看到她们的长相，丑与美就一目了然了。
"耳朵所听到的远不如亲眼所见到的"这个道理，通过这件事
更加让人信服。

【原评译文】

吴听翁说：我向来以非常好的听觉来弥补视觉上的不足。
今天读到这一则妙言，才知道您说的也很有道理。

江含徵说：帘子就像乐妓们的衣服，这样的话也很有
见地。

第四八则

张竹坡说：如果家里有年轻且相貌丑陋的婢女，应该让她隔着屏风小声说话，熄灭蜡烛以后侍寝，这种想法怎么样？

倪永清说：如果遇到长相漂亮但声音难听的人，又该如何处理呢？

第四九则

【原文】

寻乐境，乃学仙[①]；避苦趣[②]，乃学佛。佛家所谓"极乐世界[③]"者，盖谓众苦之所不到也。

【原评】

江含徵曰：着败絮行荆棘中[④]，固是苦事；彼披忍辱铠[⑤]者，亦未得优游自到[⑥]也。

陆云士曰：空诸所有，受即是空。其为苦乐，不足言矣，故学佛优于学仙。

【注释】

①学仙：学习修道成仙，这是道家修炼的方式。

②苦趣：佛教中所说的地狱、饿鬼、畜生三种恶道，是六道轮回中受苦的地方。泛指受苦。

③极乐世界：佛教中指有乐无苦的世界。后泛指幸福安乐的地方。

④着败絮行荆棘中：指世俗生活。出自明代袁宏道《孤山》："我

辈只为有了妻子，便惹许多闲事，撇之不得，傍之可厌，如衣败絮行荆棘中，步步牵挂。"

⑤忍辱铠：佛教用语，指袈裟。佛教认为袈裟能够抵御一切外界灾难，所以以忍辱来比喻。

⑥优游自到：悠游自若，闲适自在。

【译文】

要想寻求理想中的乐土，就应该向道家学习神仙术；要想躲避生活中的苦闷，就应该向佛法学习。佛教中所谓的极乐世界，就是指各种苦难达不到的地方。

【原评译文】

江含徵说：身穿破旧的棉衣在荆棘丛中行走，的确是件很让人烦恼的事；那些身披袈裟的出家之人，也没能达到自在从容的境界。

陆云士说：把一切看为虚空，身心所面对的就是虚空，所谓苦与乐，更不值得一说。所以学习佛法要比学习得道成仙好。

第五〇则

【原文】

富贵而劳悴，不若安闲之贫贱；贫贱而骄傲①，不若谦恭之富贵。

【原评】

曹实庵②曰：富贵而又安闲，自能谦恭也。

许师六③曰：富贵而又谦恭，乃能安闲耳。

张竹坡曰：谦恭安闲，乃能长富贵也。

张迂庵曰：安闲乃能骄傲，劳悴则必谦恭。

【注释】

①贫贱而骄傲：《史记·魏世家》载"贫贱者骄人"，指蔑视权势富贵，这里的"骄"意为骄傲，含贬义。

②曹实庵：曹贞吉（1634—1698年），字升阶，号实庵，清代文学家。有《珂雪诗》《珂雪词》《曹尔阶全集》等。

③许师六：许承家，字师六，号来庵。康熙二十四年（1685年）进士，官翰林院编修。著有《猎微阁诗集》。

【译文】

富有而尊贵却忧劳憔悴，还不如贫贱而悠闲自在；清贫而位卑却骄傲自大，还不如富贵而恭敬谦逊。

【原评译文】

曹实庵说：富有尊贵而又悠闲自在，自然而然就能够谦虚恭敬。

许师六说：富贵而又恭敬谦虚，才能达到悠闲自在的境界。

张竹坡说：恭敬谦虚而悠闲自在，才能达到长久富贵的境界。

张迂庵说：悠闲自在才会骄傲自大，忧劳憔悴则一定恭敬谦虚。

第五一则

【原文】

目不能自见，鼻不能自嗅，舌不能自舐，手不能自握，惟耳能自闻其声。

【原评】

弟木山曰：岂不闻"心不在焉，听而不闻①"乎？兄其诳我哉！

张竹坡曰：心能自信。

释师昂曰：古德②云：眉与目不相识，只为太近。

【注释】

①心不在焉，听而不闻：指听了和没听一样，不重视或漠不关心。看上去在听，实际上没听见。形容心不在焉，神不专注。

②古德：佛教徒对年高有道的高僧的尊称。

【译文】

眼睛无法看到自己，鼻子无法嗅到自己，舌头无法舐到自己，手无法握住自己，只有耳朵可以听到自己发出的声音。

【原评译文】

弟木山说：难道没有听说过"心不在焉，听而不闻"这句话吗？兄长是在忽悠我吧。

张竹坡说：心可以相信自己。

释师昂说：有位高僧曾说：眉毛和眼睛互不认识，主要是因为它们的距离太近。

第五二则

【原文】

凡声皆宜远听，惟听琴则远近皆宜。

【原评】

王名友曰：松涛声、瀑布声、箫笛声、潮声、读书声、钟声、梵声，皆宜远听；惟琴声、度曲①声、雪声，非至近不能得其离合抑扬之妙。

庞天池曰：凡色皆宜近看，惟山色远近皆宜。

【注释】

①度曲：唱曲。

【译文】

所有的声音都适合在远处听，唯有听琴声在远或近听都合适。

【原评译文】

王名友说：松涛的声音、瀑布的声音、箫笛的声音、潮水的声音、读书的声音、敲钟的声音、佛的声音，都适合在远处听。只有琴的声音、唱曲的声音、落雪的声音，如果不离得很近，就无法领会其中高低节奏变化的妙趣。

庞天池说：各种颜色都适合在近处看，唯有山色远近都合适。

第五三则

【原文】

目不能识字，其闷尤过于盲；手不能执管①，其苦更甚于哑。

【原评】

陈鹤山曰：君独未知今之不识字、不握管者，其乐尤过于不盲、不哑者也。

【注释】

①执管：握笔写字。管，笔杆，代指毛笔。

【译文】

假如眼睛不认识文字，其苦恼就像瞎子无法看到东西一样；假如手不能提笔写字，其苦恼就像哑巴不能说话一样。

【原评译文】

陈鹤山说：张潮先生您难道不知道今天不识字、不会写字的人，他们拥有的快乐比不盲不哑的人还快乐。

第五四则

【原文】

并头联句①，交颈②论文，宫中应制③，历使属国④，皆极⑤人间乐事。

【原评】

狄立人⑥曰：既已并头、交颈，即欲联句、论文，恐亦有所不暇。

汪舟次⑦曰：历使属国，殊不易易。

孙松坪曰：邯郸旧梦，对此惘然。

张竹坡曰：并头、交颈，乐事也；联句、论文，亦乐事也。是以两乐并为一乐者，则当以两夜并一夜方妙。然其乐一刻，胜于一日矣。

沈契掌曰：恐天亦见妒。

【注释】

①并头：头并排靠在一起。联句：旧时作诗的一种方式。

②交颈：脖子紧紧靠在一起。

③应制：古代大臣、士子常常要应皇帝之命作诗、和诗，这就是应制。

④历使：奉命多次出使。属国：封建时代宗主国的藩属国，这里

是指边远的地方。

⑤极：穷尽，达到极限。

⑥狄立人：狄亿，字立人，号向涛，江苏溧阳人，康熙三十年（1691年）进士，官翰林院庶吉士。有《洮湖渔子集》《菊社约》等。

⑦汪舟次：汪楫（1636—1699年），字舟次，号悔斋。与族人汪懋麟齐名，称"二汪"。有《悔斋集》《山闻诗》《京华诗》《观海集》《使琉球杂录》等。

【译文】

与女子头并着头联句作诗，脖子紧挨着脖子一起讨论文章，在宫中奉命作诗，当使臣多次出使藩国，这些都应该看作世间最为快乐的事。

【原评译文】

狄立人说：既然已经头并着头，脖子紧挨着脖子，就算想联句作诗或一起讨论文章，恐怕没有时间把心思放在作诗讨论文章上。

汪舟次说：当使臣多次出使藩国，是件非常不容易的事。

孙松坪说：这些经历像邯郸旧梦一样，看到这些情思自然会产生迷茫。

张竹坡说：头并着头，脖子紧挨着脖子，的确是快乐的事；联句作诗或一起讨论文章，也是快乐的事。把两种快乐的事合为一件快乐的事，也应该把两个人的夜合并为一个人的夜才美妙。这样的话，哪怕是短暂的快乐，也胜于一天的快乐。

第五四则

沈契掌说：恐怕上天也要产生妒忌。

第五五则

【原文】

《水浒传》武松诘蒋门神①云："为何不姓李?"此语殊妙。盖姓实有佳有劣，如华、如柳、如云、如苏、如乔，皆极风韵；若夫毛也、赖也、焦也、牛也，则皆尘于目而棘于耳②者也。

【原评】

先渭求③曰：然则君为何不姓李耶？

张竹坡曰：止闻今张昔李，不闻今李昔张也。

【注释】

①武松诘蒋门神：武松去找蒋门神闹事，故意问酒保："你那主人家姓什么?"酒保回答："姓蒋。"武松就挑衅地问："却如何不姓李?"

②尘于目而棘于耳：如同眼睛里进了沙尘，耳朵里刺进了荆棘一样难受，意即以上姓氏不好看也不好听。

③先渭求：先著，字渭求，号躅斋，清代书画家。学识渊博，善画花卉、人物。工诗词。有《劝影堂词》《息柯杂著》《益州书画录续编》等。

《水浒传》中武松诘问蒋门神："你为什么不姓李？"这话问得简直妙极了。因为人的姓氏确实有好坏之分：像姓华、姓柳、姓云、姓苏、姓乔，很有一番风雅的韵致；至于姓毛、姓赖、姓焦、姓牛，这些姓氏看到后就想遮住眼睛，听着就刺耳。

【原评译文】

先渭求说：那您为什么不姓李呢？

张竹坡说：只听说过今天姓张好，过去姓李好，从未听说过活着姓李好死后姓张好。

第五六则

【原文】

花之宜于目而复宜于鼻①者，梅也，菊也，兰也，水仙也，珠兰②也，莲也；止宜于鼻者，橼③也，桂也，瑞香④也，栀子也，茉莉也，木香⑤也，玫瑰也，腊梅也。余则皆宜于目者也。花与叶俱可观者，秋海棠为最，荷次之，海棠、酴醾⑥、虞美人、水仙又次之；叶胜于花者，止雁来红⑦、美人蕉而已；花与叶俱不足观者，紫薇⑧也，辛夷⑨也。

【原评】

周星远曰：山老可当花阵一面。

张竹坡曰：以一叶而能胜诸花者，此君⑩也。

【注释】

①宜于目而复宜于鼻：既适合观赏又有芳香气味。

②珠兰：金粟兰的通称。花小，色黄，有香味。

③橼：树名，即枸橼，又名香橼，果实入药。

④瑞香：春季开花，大的叫锦熏笼。

⑤木香：蔷薇科落叶灌木，蔓生，常攀附他木或墙壁，初夏开小
花，色白或黄，香味浓郁甘甜。

⑥酴醾：又名佛见笑，羽状复叶，小叶椭圆形，初夏开花，花白
色，有香味。

⑦雁来红：又名后庭花，有黄、绿、紫、红等花色，一般种在院
子里供观赏。

⑧紫薇：俗称百日红，落叶小乔木，夏季开花。

⑨辛夷：香木名，花香浓郁。春季开花，即木兰，但古代有时也
指玉兰。

⑩此君：指竹，王徽之爱竹，常说"何可一日无此君"。

【译文】

鲜花中既适合观赏又有芬芳香味的有：梅花、菊花、兰
花、水仙、珠兰、莲花；只有芬芳香味的是香橼、桂花、瑞
香、栀子花、茉莉花、木香、玫瑰、蜡梅。剩下的都是适合于
眼睛观赏的花。花朵与枝叶都适合于观赏的，秋海棠位居第
一，荷花第二，海棠、酴醾、虞美人和水仙花又要差点。枝叶
比花朵好看的，只有雁来红和美人蕉而已。花朵与枝叶都不适
合于观赏的则是紫薇和辛夷。

【原评译文】

周星远说：假如摆花阵，张潮先生可以独当一面。

张竹坡说：能够单靠叶子而胜过各种花的是竹子。

第五七则

【原文】

高语山林^①者，辄不喜谈市朝^②事。审^③若此，则当并废《史》、《汉》^④诸书而不读矣。盖诸书所载者，皆古之市朝也。

【原评】

张竹坡曰：高语者，必是虚声处士；真入山者，方能经纶市朝。

【注释】

①高语山林：高声谈论山林隐逸之事。

②市朝：市是进行买卖交易的地方，朝是朝廷官府，这些都是争夺名利的地方。

③审：果真，确实。

④《史》、《汉》：《史记》和《汉书》，泛指史书。

【译文】

一般而言，喜欢谈论山林隐逸之事的人，通常都不喜欢谈论市井朝堂之事。如果真的是这样的话，那么就可以舍弃《史记》《汉书》等，因为这些书籍上记载的大多都是古代市井朝堂之事。

【原评译文】

张竹坡说：高谈阔论的人，一定是徒有虚名却并非真正避世的隐士，真正隐居山中的隐士才能够在朝中谋划国家大事。

第五八则

【原文】

云之为物，或崔巍①如山，或潋滟②如水，或如人，或如兽，或如鸟毳③，或如鱼鳞；故天下万物皆可画，惟云不能画。世所画云，亦强名④耳。

【原评】

何蔚宗曰：天下百官皆可做，惟教官不可做。做教官者，皆谪戍耳。

张竹坡曰：云有反面、正面，有阴阳、向背，有层次、内外。细观其与日相映，则知其明处乃一面，暗处又一面。尝谓古今无一画云手，不谓《幽梦影》中先得我心。

【注释】

①崔巍：形容山势高险。

②潋滟：水波荡漾的样子。

③毳：鸟兽的细毛。

④强名：勉强称为。

【译文】

云这种自然的产物，有时像险峻的山峰一样，有时像波光粼粼的水一样，有时像人一样，有时像野兽一样，有时像鸟的羽毛一样，有时像鱼的鳞片一样。所以说，世界上任何东西都可以用笔画出来，唯独云不能画出来。人世间画家所画出来的云，只能勉强称得上云罢了。

【原评译文】

何蔚宗说：天下的百官都可以做，只有教官不能做，做教官的，都是那些被贬谪的人。

张竹坡说：云有反面和正面，有背阴和向阳，有内层和外层，认真看它和太阳相映时的样子，就能分辨出它的明处是一面，暗处又是一面。我曾感慨过从古至今没有一个画云的高手，未曾料到《幽梦影》率先写出了我的心思。

第五九则

【原文】

值①太平世，生湖山郡②；官长廉静③，家道优裕；娶妇贤淑，生子聪慧。人生如此，可云全福。

【原评】

许篠林④曰：若以粗笨愚蠢之人当之，则负却造物⑤。

江含徵曰：此是黑面老子⑥要思量做鬼处。

吴岱观⑦曰：过屠门而大嚼，虽不得肉，亦且快意。

李荔园曰：贤淑、聪慧，尤贵永年，否则福不全。

【注释】

①值：遇上。

②湖山郡：有山有水、自然条件优越的郡县。

③官长廉静：官员们廉洁奉公、清正廉明。

④许篠林：许楚（1605—1676 年），字芳城，号篠林，歙县（今属安徽）人，著有《青岩集》。

⑤造物：造物主，创造万物者。

⑥黑面老子：指修行时身体虚弱的佛祖释迦牟尼。

⑦吴岱观：吴山涛（1624—1710 年），字岱观，号塞翁，清初书画家。书画知名，求索者甚众。著有《塞翁集》。

【译文】

赶上太平盛世，出生在湖光山色的州郡；地方官员廉洁奉公，家庭条件优越富裕；娶的妻子贤能善良，生的孩子聪明伶俐。人生如果是这样的话，那就是十全十美了。

【原评译文】

许篠林说：如果让一些粗笨愚蠢的人遇到这样的盛事，简直就辜负了造物主。

江含徵说：这是修行时身体虚弱的释迦牟尼想象做鬼以后

的处境。

吴岱观说：从屠夫的家门口路过而大口咬嚼，尽管嘴里没有肉，但心情也很舒畅。

李荔园说：贤能美好、聪明善良的人，长寿特别重要，不然就称不上全福。

第六〇则

【原文】

天下器玩之类，其制日工^①，其价日贱，毋惑乎民之贫也^②。

【原评】

张竹坡曰：由于民贫，故益工而益贱。若不贫，如何肯贱？

【注释】

①其制日工：其制作越来越精细。

②毋惑乎民之贫也：难怪老百姓日益贫穷了呢。

【译文】

世间可以供欣赏把玩的物品，现在制作得越来越精致，可它们的价格却一天比一天便宜，通过这种状况我不再怀疑老百姓会如此贫穷。

【原评译文】

张竹坡说：正因为百姓贫困，所以器物做得越精细而价格就变得越便宜。百姓要是不贫穷的话，怎么可能会贱卖呢？

第六一则

【原文】

养花胆瓶①，其式之高低大小，须与花相称；而色之浅深浓淡，又须与花相反。

【原评】

程穆倩②曰：足补袁中郎③《瓶史》所未逮。

张竹坡曰：夫如此，有不甘去南枝而生香于几案之右者乎！名花心足矣。

王宓草④曰：须知相反者，正欲其相称也。

【注释】

①胆瓶：花瓶的一种，因器形如悬胆而得名。

②程穆倩：即程邃（1605—1691年），字穆倩，号青溪。精于金石、篆刻、鉴别古书画及铜玉器。为人博雅，著有《会心吟》《萧然吟》等。

③袁中郎：即袁宏道（1568—1610年），字中郎，明代公安（今属湖北）人。与兄宗道、弟中道并称"三袁"，三袁及其追随者文学

史称"公安派"。所著《瓶史》，是记述插花艺术的专著。

④王宓草：即王蓍（1649—1737 年），王概之弟，王臬之兄，字宓草。工诗歌，善画花卉、翎毛，兼工书法、篆刻，擅名于时。

【译文】

用于专门插花的花瓶，样式的高低大小要与所插之花相协调；花瓶颜色的深浅浓淡，则要与所插之花的颜色相反。

【原评译文】

程穆倩说：这番话足以弥补袁宏道《瓶史》中的不足之处。

张竹坡说：这样的话，让所有花朵都心甘情愿离开朝南的枝条，偏向书桌的右角而散发香气。那些品种高贵的花卉也就心满意足了。

王宓草说：应当知道花瓶的颜色与花的颜色相反，正是为了使它们互相衬托。

第六二则

【原文】

春雨如恩诏①，夏雨如赦书②，秋雨如挽歌③。

【原评】

张谐石④曰：我辈居恒苦饥，但愿夏雨如馒头耳。

张竹坡曰：赦书太多，亦不甚妙。

【注释】

①恩诏：帝王降恩时所下的诏书。

②赦书：免除罪行的文书。

③挽歌：古代送葬时所唱的哀悼死者的歌，由乐曲和歌词两部分组成。

④张谐石：即张韵，字谐石，号浮丘。工于书画，著有《城东草堂集》。

【译文】

春天的雨像皇帝恩赐于百姓的圣旨，夏天的雨像皇帝大赦天下的诏书，秋天的雨像送葬的挽歌。

【原评译文】

张谐石说：我们这些人平常总挣扎在饥饿的边缘，非常希望夏天的雨像馒头一样。

张竹坡说：大赦天下的诏书太多了，也不是件好事情。

第六三则

【原文】

十岁为神童，二十三十为才子，四十五十为名臣，六十为神仙，可谓全人矣。

【原评】

江含徵曰：此却不可知，盖神童原有仙骨故也，只恐中间做名臣时，堕落名利场中耳。

杨圣藻[1]曰：人孰不想，难得有此全福！

张竹坡曰：神童、才子由于己，可能也；名臣由于君，仙由于天，不可必也。

顾天石曰：六十神仙，似乎太早。

【注释】

①杨圣藻：杨衡选，字圣藻，安徽泾阳人，《虞初新志》中收录了他的《记盗》一文。

【译文】

如果一个人10岁时就成为聪明伶俐的神童，二三十岁时就成为潇洒风流的才子，四五十岁就成为朝廷中德高望重的名臣，60岁时过着神仙般的生活，这样的人可以称得上是人生圆满的人。

【原评译文】

江含徵说：这种说法是不可以预知的。因为神童原本就具有仙丹的缘故。只怕40岁到50岁做名臣的时候，堕落入世俗的追名逐利中罢了。

杨圣藻说：每个人谁不想有这种愿望，只是很难得到这种十全十美的福气。

张竹坡说：成为神童和有才华的人是由自己决定的，只要

努力，就有可能实现；成为富国大臣是由皇帝决定的，成为得道的神仙是由上天决定的，不可能一定会实现。

顾天石说：60岁成为超脱尘世的神仙好像太早了吧。

第六四则

【原文】

武人不苟战^①，是为武中之文；文人不迂腐^②，是为文中之武。

【原评】

梅定九^③曰：近日文人不迂腐者颇多，心斋亦其一也。

顾定天曰：然则心斋直谓之武夫可乎？笑笑。

王司直曰：是真文人，必不迂腐。

【注释】

①不苟战：不仓促开战，不轻易用兵。

②迂腐：指言谈、行为拘泥于旧准则，不适应时代潮流。

③梅定九：梅文鼎，字定九，号勿庵，安徽宣城人。清初天文学家、数学家、历算学家，被誉为"历算第一名家"。梅文鼎一生博览群书，著述80余种。中国古代著名数学家，通天文、历算之学。后人将其历法、数学著述汇为《梅氏丛书辑要》。诗文杂著则有《绩学堂文钞》《绩学堂诗钞》。

【译文】

　　武将不草率发动战争，是武将中的文人；文人不迂腐守旧，是文人中的武将。

【原评译文】

　　梅定九说：现在有很多不刻板不迂腐的文人，张潮先生也是其中之一。

　　顾定天说：然而直接称张潮先生为一介武夫可以吗？笑笑。

　　王司直说：真正的文人，肯定不刻板不迂腐。

第六五则

【原文】

　　文人讲武事，大都纸上谈兵；武将论文章，半属道听途说①。

【原评】

　　吴街南曰：今之武将讲武事，亦属纸上谈兵；今之文人论文章，大都道听途说。

【注释】

　　①道听途说：没有根据的传言。这里指没有自己的见解，人云亦云。

【译文】

　　文人谈论领军打仗的事情，基本上是纸上谈兵；武将谈论文章的写法与好坏，多半是道听途说而来。

【原评译文】

　　吴街南说：当今的武将谈论打仗的事，也属于纸上谈兵。当今的文人谈论起文章，大部分都是人云亦云。

第六六则

【原文】

　　斗方①止三种可存：佳诗文一也，新题目二也，精款式三也。

【原评】

　　闵宾连②曰：近年斗方名士③甚多，不知能入吾心斋彀中④否也？

【注释】

　　①斗方：书画所用的一尺见方的纸。亦指一尺见方的册页书画。

　　②闵宾连：闵麟嗣，字宾连，号橄庵，安徽歙县人，寓居扬州。清代著名学者、旅行家。著有《庐山集》、《古国都今郡县合考》《黄山松石谱》《周末列国省会郡县考》《闵宾连悟雪诗草》等。

　　③斗方名士：好在斗方上写诗或作画以标榜的"名士"，指冒充

风雅的人。

④彀中：弓箭射程所及的范围，比喻圈套、牢笼之中

【译文】

书画用纸只有三种可以留存：其一是精美的诗文；其二是新颖的题目；其三是精致的款式。

【原评译文】

闵宾连说：近年来以画作冒充风雅的人有很多，不知道是否能中张潮先生的意？

第六七则

【原文】

情必近于痴而始真，才必兼乎趣而始化①。

【原评】

陆云士曰：真情种真才子能为此言。

顾天石曰：才兼乎趣，非心斋不足当之。

尤慧珠曰：余情而痴则有之，才而趣则未能也。

【注释】

①趣：趣味，情趣。化：化境，造诣很高的精妙境界。

【译文】

情感一定要接近于痴迷才能称得上真诚，才华一定要兼具

情趣才达到高超的境界。

【原评译文】

陆云士说：真正有情的人、真正有才华的人才能说出这种话来。

顾天石说：有才华同时又有趣味，除了张潮先生，其他人都不配。

尤慧珠说：我在情感上能近于痴迷，但是才华兼具情趣我还达不到。

第六八则

【原文】

凡花色之娇媚者，多不甚香；瓣之千层者，多不结实。甚矣！全才之难也！兼之者，其惟莲乎！

【原评】

殷日戒曰：花、叶、根、实无所不空，亦无不适于用，莲则全有其德者也。

贯玉曰：莲花易谢，所谓有全才而无全福也。

王丹麓①曰：我欲荔枝有好花，牡丹有佳实，方妙。

尤谨庸曰：全才必为人所忌，莲花故名君子。

【注释】

①王丹麓：王晫，原名棐，字丹麓，号木庵，自号松溪子，浙江

钱塘人。顺治四年（1647 年）秀才。旋弃举业，市隐读书，广交宾客。工于诗文，有《遂生集》《霞举堂集》《今世说》《墙东草堂词》及杂著多种，还与张潮合编了《檀几丛书》及《昭代丛书》的甲、乙、丙集。

【译文】

但凡颜色娇媚的花，基本上都不太香；花瓣层层叠叠的，基本上都不能结出果实。要求样样都能够做得到，实在太难了！花中色、香、形和果实都能称为上品的，也唯独莲才能做到吧！

【原评译文】

殷日戒说：花朵、叶片、根系、果实，它们的内部不是实心，它们都有用途的，莲可以说是方方面面都具备了的全才。

贯玉说：莲花的花期很短很容易凋谢，也就是说有全才却没有完整的福运。

王丹麓说：我想让荔枝也能开出好看的花朵，牡丹也能结出上佳的果实，这样才好。

尤谨庸说：全才必然遭人忌恨，所以莲被称为君子。

第六九则

【原文】

著得一部新书，便是千秋大业；注得一部古书，允^①为万世宏功。

【原评】

黄交三曰：世间难事，注书第一。大要于极寻常书，要看出作者苦心。

张竹坡曰：注书无难，天使人得安居无累，有可以注书之时与地为难耳。

【注释】

①允：确实。

【译文】

能够写出一部有思想有深度的新书，可以说是流芳千古的大事业；能够给一部古书做出正确缜密的注解，也确实是对后代有益的大功劳。

【原评译文】

黄交三说：人世间最为困难的事中，为古代的书籍做注解排第一。最重要的是在看似平常的地方，就能看出作者的良苦用心。

张竹坡说：为古代的书籍做注解没有什么困难，上天让人生活的安稳、没有拖累，有可以为古代书籍做注解的时间与地方则是困难的事罢了。

第七〇则

【原文】

延名师训子弟，入名山习举业^①，丐名士代捉刀^②，三者都无是处。

【原评】

陈康畴曰：大抵名而已矣，好歹原未必着意。

殷日戒曰：况今之所谓名乎！

【注释】

①举业：为应科举考试而准备的学业。明清时专指八股文。

②丐：请求。捉刀：《世说新语·容止》记载，曹操叫崔琰代替自己接见匈奴来使，自己持刀站立床头。后因此称代人作文或顶替人做事为"捉刀"。

【译文】

延请名师来教育子弟，跑到名山上去学习科举考试的学业，乞求名师来代替自己写文章，这三种方法都不可取。

【原评译文】

陈康畴说：大概只是为了求得名声罢了，好与坏原本不一定很在乎。

殷日戒说：况且是今天所谓的名声？

第七一则

【原文】

积画以成字①，积字以成句，积句以成篇，谓之文。文体日增，至八股而遂止。如古文、如诗、如赋、如词、如曲、如说部②、如传奇小说，皆自无而有。方其未有之时，固不料后来之有此一体也。逮既有此一体之后，又若天造地设，为世必应有之物。然自明以来，未见有创一体裁新人耳目者。遥计百年之后，必有其人，惜乎不及见耳！

【原评】

陈康畴曰：天下事，从意起。山来今日既作此想，安知其来生不即为此辈翻新之士乎！惜乎今人不及知耳。

陈鹤山曰：此是先生应以创体③身得度者，即现创体身而为设法。

孙恺似曰：读《心斋别集》，拈四子书题，以五七言韵体行之，无不入妙，叹其独绝。此则直可当先生自序也。

张竹坡曰：见及于此，是必能创之者。吾拭目以待新裁。

【注释】

①画：笔画。成字：形成文字。

②说部：指古代小说、笔记、杂著一类书籍。

③创体：在诗词体裁或格律方面进行创新。

【译文】

　　由笔画组合而形成字，由字组合而形成语句，由语句组合而形成篇章，可以称之为文章。文章的体裁在不断地丰富和增加，到八股文就停止了。像古文，像诗，像赋，像词，像曲，像笔记杂记，像传奇小说，都是从无到有。当一种文体还没有出现时，自然不会想到后来会出现这种文体。待到已经出现了这种文体之后，又像是天造地设的一样，仿佛是世界上必然会出现的东西。可是自从明朝以后，就没有创造出来一种让人耳目一新的新文体。估计再过百年以后，一定会出现能创造新文体的人，遗憾的是我等不及看到罢了。

【原评译文】

　　陈康畴说：天下的事都从想法开始产生，张潮先生今天既然有这种想法，怎么知道来生创造新文体的那个人不是你呢？可惜今天的人已经等不及知道真相罢了。

　　陈鹤山说：这是张潮先生能创造出新文体而提出的想法，所以现在就应该想办法创造出新文体。

　　孙恺似说：阅读《心斋别集》，选取四子书题，用五七言的韵体写出的文字，句句都很精妙，实在是令人由衷感慨张潮先生的绝妙之处。这一则简直可以视为先生的自序了。

　　张竹坡说：见识能达到这种境界，足以说明张潮先生必然是创造新文体的人，我拭目以待新文体的出现。

第七二则

【原文】

云映日而成霞，泉挂岩而成瀑。所托者异，而名亦因之。此友道①之所以可贵也。

【原评】

张竹坡曰：非日而云不映，非岩而泉不挂。此友道之所以当择也。

【注释】

①友道：与朋友交往的准则。东汉孔融《论盛孝章书》："公诚能驰一介之使，加咫尺之书，则孝章可致，友道可弘矣。"

【译文】

云被太阳照耀时就变成好看的彩霞，泉水因为悬挂在山岩上而变成瀑布。根据依托的东西不同，它的名称也就变得不一样了。这就是交友之道中称之为可贵的地方。

【原评译文】

张竹坡说：如果没有太阳，云彩不会相互辉映；如果没有山岩，泉水不会悬挂起来。这就是交友之道应该有所选择的原因。

第七三则

【原文】

大家①之文，吾爱之慕之，吾愿学之；名家②之文，吾爱之慕之，吾不敢学之。学大家而不得，所谓"刻鹄不成尚类鹜③"也；学名家而不得，则是"画虎不成反类狗④"矣。

【原评】

黄旧樵曰：我则异于是，最恶世之貌为大家者。

殷日戒曰：彼不曾闻其藩篱⑤，乌能窥其闺奥⑥！只说得隔壁话⑦耳。

张竹坡曰：今人读得一两句名家，便自称大家矣。

【注释】

①大家：指博采众长、集大成的作家。宋代叶适《答刘子至书》中说："盖自风雅骚人之后，占得大家数者不过六七。"

②名家：指有专长、自成一家的作家。清代袁枚于《随园诗话》中曾言："诗有大家，有名家。大家不嫌庞杂，名家必选字酌句。"

③刻鹄不成尚类鹜：画天鹅不成仍有些像鸭子。比喻模仿得虽然不逼真，但还相似。刻，刻画。鹄，天鹅。类，似，像。鹜，鸭子。

④画虎不成反类狗：比喻模仿不到家，反而不伦不类。出自《后汉书·马援传》："效季良不得，陷为天下轻薄子，所谓画虎不成，反类狗者也。"

⑤藩篱：用竹木编成的篱笆或栅栏，比喻界域，境界。

⑥乌能：哪能，怎么能。阃奥：比喻学问或事理的精微深奥所在。

⑦隔壁话：看似相近，其实外行的言论。

【译文】

　　大家的文章，我喜欢并羡慕它，并且想要去学习它；名家的文章，我喜欢并羡慕它，但是却不敢去学习它。学习大家的文章，达不到他的水平，就像画不成天鹅还可以画成鸭子；学名家的文章达不到他的水平，就像画虎不成却画成了狗一样。

【原评译文】

　　黄旧樵说：我就与这种看法不同，最讨厌世上那些貌似大家的人。

　　殷日戒说：你没有闯过大家的禁地，怎么能看到他们学问、事理的精奥处？只能说说似是而非的外行话罢了。

　　张竹坡说：现在的人读了一两句有专长作家的文章，就自称是大家了。

第七四则

【原文】

　　由戒得定，由定得慧①，勉强渐近自然；炼精化气，炼气化神②，清虚有何渣滓？

【原评】

袁中江曰：此二氏③之学也。吾儒何独不然？

陆云士曰：《楞严经》④、《参同契》精义尽涵在内。

尤悔庵曰：极平常语，然道在是矣。

【注释】

①由戒得定，由定得慧：由遵守戒律而达到入定的境界，由入定而破除迷惑获得真正的智慧。

②炼气化神：道家术语。亦称十月关、大周天等。是在炼精化气的基础上，将气与神合炼，使气归入神的炼修阶段。

③二氏：指佛、道两家。唐代韩愈《重答张籍书》："今夫二氏之所宗而事之者，下及公卿辅相，吾岂敢昌言排之哉？"

④《楞严经》：佛教经典，全称《大佛顶如来密因修证了义诸菩萨万行首楞严经》，又名《中印度那烂陀大道场经》。简称《楞严经》《首楞严经》《大佛顶经》《大佛顶首楞严经》。

【译文】

借助遵守戒律从而达到入定的境界，借助入定从而化解迷惑获得真正的智慧，这才勉强算得上接近返璞归真的自然境界；提炼精华化为浩然之气，提炼浩然之气化为纯净的神，胸中清净淡泊，哪有一点尘俗渣滓？

【原评译文】

袁中江说：这是佛教和道教的学问，我们儒家为何不是这样？

陆云士说：《楞严经》《参同契》的精妙义理全被涵盖其

中了。

尤悔庵说：这是极为平常的话，然而真理却在其中啊。

第七五则

【原文】

南北东西，一定之位①也；前后左右，无定之位②也。

【原评】

张竹坡曰：闻天地昼夜旋转，则此东西南北，亦无定之位
也。或者天地外储此天地者，当有一定耳。

【注释】

①一定之位：固定不变的方向。

②无定之位：不固定的方向。

【译文】

南北东西，是亘古不变的方位；前后左右，是相对变化的
方位。

【原评译文】

张竹坡说：听说天地白天夜晚不停地旋转，那么南北东西
也就不是亘古不变的方位了。或者在天地之外储藏这个天地
的，应该是亘古不变的。

第七六则

【原文】

予尝谓二氏不可废，非袭夫大养济院①之陈言也。盖名山胜境，我辈每思褰裳②就之，使非琳宫梵刹③，则倦时无可驻足，饥时谁与授餐！忽有急风暴雨，五大夫果真足恃乎？又或丘壑深邃，非一日可了。岂能露宿以待明日乎？虎豹蛇虺能保其不为人患乎④？又或为士大夫所有，果能不问主人，任我之登陟凭吊⑤，而莫之禁乎？

不特⑥此也。甲之所有，乙思起而夺之，是启争端也。祖父之所创建，子孙贫，力不能修葺。其倾颓之状，反足令山川减色矣。

然此特就名山胜境言之耳。即城市之内，与夫四达之衢，亦不可少此一种。客游可作居停⑦，一也；长途可以稍憩，二也；夏之茗，冬之姜汤，复可以济役夫负戴之困，三也。凡此皆就事理言之，非二氏福报之说也。

【原评】

释中洲曰：此论一出，量无悭⑧檀越矣。

张竹坡曰：如此处置此辈甚妥。但不得令其于人家丧事诵经，吉事拜忏；装金为像，铸铜作身；房如宫殿，器御钟鼓，动说因果；虽饮酒食肉，娶妻生子，总无不可。

石天外曰：天地生气，大抵五十年一聚。生气一聚，必有刀兵、饥馑、瘟疫以收其生气。此古今一治一乱，必然之数也。自佛入中国，用剃度出家法，绝其后嗣，天地盖欲以佛节古今之生气也。所以，唐、宋、元、明以来，剃度者多，而刀兵劫数稍减于春秋、战国、秦、汉诸时也。然则佛氏且未必无功于天地，宁特人类已哉！

【注释】

①养济院：古代官办的收养、救济老病孤寡、贫民乞丐的机构。

②褰裳：提起衣服。意即准备去游览。

③使：假使，假如。琳宫梵刹：道士的宫观和僧人的寺庙。

④不为人患乎：不危害人吗？

⑤登陟凭吊：登上山去怀古。陟，登高。凭吊，怀旧。

⑥不特：不仅，不只。

⑦居停：暂时歇脚或租寓的地方。

⑧悭：小气，吝啬。

【译文】

我曾经说佛教和道教不可以废除，并不是承袭大养济院扶贫济困的陈腐论调。因为有名气的山川和壮观的景致，我们这些人常常想游览它们。如果没有道观和寺庙，那么我们疲倦时就没有地方歇脚，饿了的时候谁能供给吃的？忽然刮大风下暴雨、大松树果真足以依靠吗？又或者遇到山陵和溪谷幽深险远、不是一天可以游完，我们难道能露宿山间以等待第二天继续吗？那些老虎、豹子、毒蛇，能保证它们不祸害人吗？又或者名景被某位士大夫所占有，我们果真能够不经过主人的允许，任凭自己攀登到高处凭吊而不遭到禁止吗？

不但如此。又如某个佳景是甲的，乙要想占有就动手夺取，这便要引起争端了。祖辈父辈所创建的佳处名园、子辈孙辈贫困，无力修整，那些建筑倾塌废弃的样子、反倒足以让山川减去光彩了。

然而这些就只是对在山川和优美的境地内的道观佛寺而言，即使是在城市之中和四通八达的大道旁，也不能没有僧道庙宇。一是出行的人可以在这些地方暂时居住；二是长途跋涉的人可以稍微得到休息；三是它们夏天供应茶水，冬天预备姜汤，又可以减轻肩挑货运者的疲惫。所有这些都是根据事理来说的，而不是佛教和道教的因果福报之类的说法。

【原评译文】

释中洲说：这番论述一出，估计就没有吝啬的施主了。

张竹坡说：像这样处置这些人非常妥当。但是不能让僧道在别人家里办丧事诵经、吉事念经礼拜、以黄金装饰佛像、以铜铸造佛身，或是把房子建造得如同宫殿一样华丽，用钟鼓之类的器具，动不动就说因果报应的事理。即使是喝酒吃肉，娶妻生子，都没有什么不可以的。

石天外说：天地间的生气，大约50年聚合一次。生气一聚合，一定会有战事、饥馑、瘟疫等灾祸，以收回生灵。这也是古往今来一治一乱的必然规律。自从佛教传入中国，用剃度出家的办法断绝他们的子孙，天地是要用佛来节制古今以来的生气。正因为这样，唐、宋、元、明以来，剃度为僧的人越来越多，但是战乱灾祸稍少于春秋、战国、秦汉等时期。那么佛教对天地未必没有功劳，又岂止是对人类呢？

第七七则

【原文】

虽不善书，而笔砚不可不精；虽不业医^①，而验方^②不可不存；虽不工弈^③，而楸枰^④不可不备。

【原评】

江含徵曰：虽不善饮，而良酿不可不藏，此坡仙之所以为坡仙^⑤也。

顾天石曰：虽不好色，而美女妖童不可不蓄〔1〕。

毕右万曰：虽不习武，而弓矢不可不张。

【注释】

①业医：行医，做医生。

②验方：经过使用证明确有疗效的现成药方。

③工弈：擅长下棋。弈，下棋。

④楸枰：棋盘。古时多用楸木制作，故名。唐代温庭筠《观棋》诗有："闲对楸枰倾一壶，黄华坪上几成卢。"

---

〔1〕 此句为友人间的插科打诨，并不可取。

⑤坡仙：苏轼（1037—1101年），字子瞻，又字和仲，号铁冠道人、东坡居士，世称苏东坡、苏仙，眉州眉山（今属四川省眉山市）人，祖籍河北栾城，北宋著名文学家、书法家、画家。唐宋八大家之一。有《东坡七集》《东坡易传》《东坡乐府》《潇湘竹石图卷》《古木怪石图卷》等传世。

【译文】

尽管不擅长书法，但是不能没有精良的笔砚；尽管当不了医生，但是不能不保存有效的处方；尽管不擅长下棋，但是不能没有棋盘。

【原评译文】

江含徵说：尽管不善于饮酒，但是不能不储藏好酒。这就是苏东坡被仰慕者称为"坡仙"的原因。

顾天石说：尽管不好色，但是不能不养美丽的女子和清秀的男童。

毕右万说：尽管不习武艺，但是不能不拉弓箭。

第七八则

【原文】

方外①不必戒酒，但须戒俗；红裙不必通文②，但须得趣。

【原评】

朱其恭曰：以不戒酒之方外，遇不通文之红裙，必有可观。

陈定九③曰：我不善饮，而方外不饮酒者誓不与之语；红裙若不识趣，亦不乐与近。

释浮村曰：得居士④此论，我辈可放心豪饮矣。

弟东囲⑤曰：方外并戒了化缘⑥，方妙。

【注释】

①方外：世俗礼法之外，用来指僧、道等出家之人。

②红裙：指美女。唐代韩愈《醉赠张秘书》诗："不解文字饮，惟能醉红裙。"通文：指有学问，能读书。

③陈定九：陈鼎（1650—?），原名太夏，字鬲鼎，又字谨村、定九、子重，号留溪，又号暨阳铁肩道人。江阴人。一生著作颇丰，传世著作有传奇小说：《留溪外传》《留溪附传》《留溪别传》《留溪托传》《邵飞飞传》等；有地方历史文献：《武备略》《云贵人物志》《十五国人物志》等；有记载动植物分类的：《百花志》《百草志》《蛇谱》等。

④居士：旧时出家人对在家人的泛称。

⑤弟东囲：疑为张潮弟张渐。

⑥化缘：和尚、尼姑或道士向人求取馈赠。因能布施的人可与佛、仙结善缘，故称化缘。

【译文】

僧人和道士没有必要一定戒酒，但是必须戒掉身上的俗气；女子没有必要一定能知书识字，但是必须言行得体、讨人喜欢。

【原评译文】

朱其恭说：让不戒酒的僧人和道士遇到不识字的女子，一定有值得欣赏和玩味之处。

陈定九说：我不善于饮酒，然而不喝酒的僧人和道士我发誓不与其交谈；如果女子不识趣，我也不喜欢与之亲近。

释浮村说：得到张潮先生这番言论，我们可以心安理得地畅饮了。

弟东围说：僧人和道士一并戒掉化缘才好。

第七九则

【原文】

梅边之石宜古，松下之石宜拙[①]，竹傍之石宜瘦[②]，盆内之石宜巧[③]。

【原评】

周星远曰：论石至此，直可作九品中正[④]。

释中洲曰：位置相当，足见胸次[⑤]。

【注释】

①拙：质朴无华。

②瘦：形容削直、突兀。

③巧：小巧，精妙。

④九品中正：魏晋南北朝的一种官吏选拔制度，各州、郡设立中正官，将各地士人按才能分别评为九等（九品），供朝廷按等选用，谓之"九品官人法"。隋文帝废除此制，改行科举制。此处代指选拔标准。

⑤胸次：胸怀，胸襟。《庄子·田子方》："行小变而不失其大常也，喜怒哀乐不入于胸次。"

【译文】

梅枝边的石头应当是古朴的，松树下的石头应当是粗拙的，翠竹旁的石头应当是削直的，盆景内的石头应当是精巧的。

【原评译文】

周星远说：评论石头达到这种地步，简直可以做按才能分九等的中正官。

释中洲说：安排布置如此恰当，足可以看出张潮先生的胸襟。

第八〇则

【原文】

律己宜带秋气①，处世宜带春气②。

【原评】

孙松楸③曰：君子所以有矜群而无争党④也。

胡静夫曰：合夷、惠为一人，吾愿亲炙之。

尤悔庵曰：皮里春秋。

【注释】

①律己：约束自己，要求自己。秋气：秋日的凄清、肃杀之气，此处指律己要严格冷峻。

②春气：春天温暖和煦，滋生万物，此处喻指待人要温和亲切。

③孙松楸：疑为"孙松坪"，即孙致弥。

④有矜群而无争党：指君子庄重自尊，普遍团结人，而不和他人争强斗胜，不结党营私。矜，庄重自持。党，结党营私。

【译文】

对待自己应当带有秋天的严厉之气，对待别人应该带有春天的温和之气。

【原评译文】

孙松楸说：这就是君子自尊庄重，和气待人，不和他人争强斗胜，不结党营私的缘故。

胡静夫说：把伯夷和柳下惠合并为一个人，我希望可以得到他的教导。

尤悔庵说：这就是心中有想法而口中不说出来。

第八一则

【原文】

厌催租之败意^①，亟宜早早完粮^②；喜老衲之谈禅，难免常常布施^③。

【原评】

释中洲曰：居士辈之实情，吾僧家之私冀，直被一笔写出矣。

瞎尊者^④曰：我不会谈禅，亦不敢妄求布施，惟闲写青山卖^⑤耳。

【注释】

①败意：破坏兴致。

②亟：急，快速，迅速。完粮：旧指缴纳田赋。

③布施：将金钱、实物布散施舍给别人。

④瞎尊者：石涛（1642—约1718年），清初画家，原姓朱，名若极，广西桂林人，祖籍安徽凤阳，小字阿长，别号很多，如大涤子、清湘老人、苦瓜和尚、瞎尊者，法号有元济、原济等。中国绘画史上一位十分重要的人物。存世作品有《石涛罗汉百开册页》《搜尽奇峰打草稿图》《山水清音图》《竹石图》等。著有《苦瓜和尚画语录》。

⑤闲写青山卖：出自明代唐寅《言志》："不炼金丹不坐禅，不为商贾不耕田。闲来写就青山卖，不使人间造孽钱。"

【译文】

讨厌催租人败坏兴致，就应当及早缴纳租税；喜欢与老僧人谈禅论道，就难免要时常施舍一些钱财和物品。

【原评译文】

释中洲说：张潮先生这类人说出了实情，我们僧人私下里的想法，被一笔写了出来。

瞎尊者说：我不了解禅道，也不敢奢望他人施舍，只是作画卖钱而已。

第八二则

【原文】

松下听琴，月下听箫，涧边听瀑布，山中听梵呗①，觉耳中别有不同。

【原评】

张竹坡曰：其不同处，有难于向不知者道。

倪永清曰：识得"不同"二字，方许享此清听②。

【注释】

①梵呗：佛教指作法事时的歌咏赞诵之声。

②清听：指清越入耳的声音。

【译文】

在松树下听琴声，月下听箫声，在山涧边听瀑布声，在山谷中听僧人念经声，总觉得耳边有种特殊的感受。

【原评译文】

张竹坡说：这其中的不同地方，很难向不懂的人表述出来。

倪永清说：认识到"不同"两个字，才可以享受这些清雅的声响。

第八三则

【原文】

月下听禅，旨趣益远；月下说剑，肝胆益真；月下论诗，风致益幽；月下对美人，情意益笃。

【原评】

袁士旦曰①：溽暑中赴华筵②，冰雪中应考试，阴雨中对道学先生③，与此况味何如？

【注释】

①袁士旦：袁启旭，字士旦，号中江。诗及书法皆警迈，与同邑施闰章，梅庚同负盛名。著有《中江纪年诗集》。

②溽暑：指盛夏潮湿闷热的天气。华筵：丰盛的筵席。

③道学先生：指思想、作风特别迂腐的读书人。

【译文】

在月下听佛教的经书，佛学的旨趣会显得更加悠远深邃；在月下谈论剑术，肝胆相照的心会一脉相承；在月下讨论诗词，意境与韵味会显得更加幽婉别致；在月下与美人相会，情意会显得更加真挚和笃定。

【原评译文】

袁士旦说：夏季潮湿闷热的天气里赴丰盛的筵席，冰天雪地里去应对考试，阴雨连绵之中与迂腐刻板的道学先生相对，跟这些境况和情味比起来如何？

第八四则

【原文】

有地上之山水，有画上之山水，有梦中之山水，有胸中之山水。地上者，妙在丘壑深邃；画上者，妙在笔墨淋漓；梦中者，妙在景象变幻；胸中者，妙在位置自如。

【原评】

周星远曰：心斋《幽梦影》中文字，其妙亦在景象变幻。

殷日戒曰：若诗文中之山水，其幽深变幻更不可以名状。

江含徵曰：但不可有面上之山水。

余香祖曰：余境况不佳，水穷山尽矣。

【译文】

人世间有的山水出现在大地上，有的山水出现在画中，有的山水出现在梦中，有的山水出现在胸怀中。出现在地上的山水妙在洞谷幽深的险远，出现在画中的山水妙在挥笔泼墨的酣畅，出现在梦中的山水妙在变幻不定的景象，出现在胸怀中的山水妙在其位置可以任意安排摆放。

【原评译文】

周星远说：张潮先生《幽梦影》里的文字，其美妙之处也在于变幻不定的景象。

殷日戒说：如果诗文中的山水，它有幽静深邃、变幻不定的情境，就更加无法描述了。

江含徵说：但不能有出现在脸上的山水。

余香祖说：我的状况不好，已经到了山穷水尽的地步了。

第八五则

【原文】

一日之计种蕉①，一岁之计种竹，十年之计种柳，百年之计种松。

【原评】

周星远曰：千秋之计，其著书乎？

张竹坡曰：百世之计种德②。

【注释】

①蕉：芭蕉。芭蕉生长速度比较快，叶阔荫大，姿态秀美，所以说一日之计种蕉。

②种德：施恩德于人。《尚书·大禹谟》："皋陶迈种德，德乃降，黎民怀之。"

【译文】

一日之内的计划是栽种芭蕉，一年之内的计划是栽种竹子，十年之内的计划是栽种杨柳，百年的计划是栽种青松。

【原评译文】

周星远说：千年的计划，应该是著书吧？

张竹坡说：百世的计划是树立德行。

第八六则

【原文】

春雨宜读书，夏雨宜弈棋，秋雨宜检藏①，冬雨宜饮酒。

【原评】

周星远曰：四时惟秋雨最难听，然予谓无分今雨、旧雨②，听之要皆宜于饮也。

【注释】

①检藏：翻检旧藏这类琐细之事。

②今雨：新交的朋友。旧雨：老朋友。典出唐代诗人杜甫的《秋述》："秋，杜子卧病长安旅次，多雨生鱼，青苔及榻，常时车马之客，旧雨来，今雨不来。"意思是宾客旧日遇雨也来，而今遇雨则不来了，初亲后疏。后用"今雨"指新交的朋友，"旧雨"则代指老朋友。

【译文】

春天下雨的时候适合读书，夏天下雨的时候适合下棋，秋天下雨的时候适合翻检和收藏，冬天下雨的时候适合饮酒。

【原评译文】

周星远说：一年四季之中唯有秋天下雨最难听，然而我认为无论是过去的朋友还是新认识的朋友，听秋雨时与他们一起饮酒是最适宜的。

第八七则

【原文】

诗文之体，得秋气为佳；词曲之体，得春气为佳。

【原评】

江含徵曰：调有惨淡悲伤者，亦须相称。

殷日戒曰：陶诗、欧文^①，亦似以春气胜。

【注释】

①陶诗、欧文：指陶渊明的诗、欧阳修的散文。

【译文】

创作诗歌和散文时，如果能带有秋天的情调就是优秀的作品；创作词曲时，如果能带有春天的情调就是优秀的作品。

【原评译文】

江含徵说：词调有惨淡悲伤的，也应该选择与它相匹配的体裁。

殷日戒说：陶渊明的诗、欧阳修的散文，也似乎是以清新流畅的春天气息而赢得盛名。

第八八则

【原文】

抄写之笔墨，不必过求其佳；若施之缣素^①，则不可不求其佳。诵读之书籍，不必过求其备^②；若以供稽考^③，则不可不求其备。游历^④之山水，不必过求其妙；若因之卜居^⑤，则不可不求其妙。

【原评】

冒辟疆曰：外遇之女色，不必过求其美；若以作姬妾，则不可不求其美。

倪永清曰：观其区处⑥条理，所在经济⑦可知。

王司直曰：求其所当求，而不求其所不必求。

【注释】

①施之缣素：书写或画在白绢上。缣，细绢。

②备：完备。

③稽考：研究查考。稽，考核。

④游历：游览。

⑤卜居：用占卜的方法选择定居的地方，后来泛指选择地方定居下来。

⑥区处：处理，筹划安排。

⑦经济：指关于生活、生计方面的主张。

【译文】

用来抄写的笔墨，没有必要用很好的；如果要是在白绢上书写，那么就必须要用好笔和好墨。平时阅读的书籍，没有必要摆放得整整齐齐；如果要是用来做稽查和考证，那么就必须要严谨认真。游山玩水，没有必要过分讲究美妙；如果要是有在此居住的打算，那么就必须要求其美妙。

【原评译文】

冒辟疆说：在外偶然遇见的女子，没有必要过分要求对方容貌美丽；如果是娶回来做姬妾，就必须要求对方长相美丽。

倪永清说：观察张潮先生筹划的纲领，就知道他是一位在生活、生计方面很有主张的人。

王司直说：要求其所应该要求的，而不要求所不应该要求的。

第八九则

【原文】

人非圣贤，安能无所不知！只知其一，惟恐不止其一，复求知其二者，上也；止知其一，因人言始知有其二者，次也；止知其一，人言有其二而莫之信①者，又其次也；止知其一，恶②人言有其二者，斯下之下矣。

【原评】

周星远曰：兼听则聪，心斋所以深于知也。

倪永清曰：圣贤大学问，不意于清语③得之。

【注释】

①莫之信：即"莫信之"，不相信别人的说法。

②恶：讨厌，厌恶。

③清语：指《幽梦影》一类清言小品著述。

【译文】

人不是圣贤，怎么可能什么都知道呢？只知道其中一点，又害怕不仅仅是这一点，又去了解其他内容的，这是最好的求知者；只知道其中一点，经别人说起而知道了另一点的人，是次一等的求知者；只知道其中一点，当别人说起另外的内容时不相信的人，是求知者中更差一些的人；只知道其中一点，而讨厌别人说另外内容的，是最差的求知者。

【原评译文】

周星远说：能够多方面听取意见，就能够明白事理，明讲是非，这也是张潮先生知识深厚的原因。

倪永清说：圣人和圣贤的大学问，没想到从清谈言论中得到了。

第九〇则

【原文】

史官所纪者，直世界①也；职方②所载者，横世界③也。

【原评】

袁中江曰：众宰官④所治者，斜世界也。

尤悔庵曰：普天下所行者，混沌世界也。

顾天石曰：吾尝思天上之天堂，何处筑基？地下之地狱，何处出气？世界固有不可思议者！

【注释】

①直世界：史官所记载的历史，是以时间为线索，纵向发展的，所以称为直世界。直，纵向的。

②职方：官名，掌天下地图与四方贡物。《周礼·夏官》中规定职方的职责是主管地图和四方贡物，后来历代多设此职，掌管舆图、军制、城隍、镇戍等。

③横世界：职方掌管舆图与四方贡物，他所记载的事情是以空间为线索、横向分布的，所以称为横世界。

④宰官：泛指官吏。

【译文】

史官笔下记载的历史，是一个按时间顺序延伸的纵向世界；掌管地图的官员所记载的，是一个幅员广阔的横向世界。

【原评译文】

袁中江说：官员们正在治理的，是倾斜的世界。

尤悔庵说：全天下人所生活的，是混沌不清的世界。

顾天石说：我曾经思考过天上的天堂，在哪里建造根基？地底下的地狱，在什么地方排放空气？世界上本来就存在着无法想象的事情啊！

第九一则

【原文】

先天八卦①，竖看者也；后天八卦②，横看者也。

【原评】

吴街南曰：横看竖看，皆看不着。

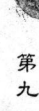

钱目天曰：何如袖手旁观③！

【注释】

①先天八卦：又称伏羲八卦，传说是由伏羲根据河图所画。伏羲八卦次序基于《周易·系辞上》中"太极、两仪、四象、八卦"的宇宙万物生成过程。

②后天八卦：即文王八卦。文王将《周易》的八卦演为六十四卦，其次序源自《周易·说卦》中对卦象象征意味的解释。

③袖手旁观：表面意思是把手笼在袖子里，在一旁观看。比喻置身事外，既不过问，也不协助别人。

【译文】

伏羲的先天八卦，观察时要以纵向为标准；周文王的后天八卦，观察时要以横向为标准。

【原评译文】

吴街南说：横向看、竖向看，都看不明白。

钱目天说：把双手笼在袖筒里，在一旁观看会是怎样呢？

第九二则

【原文】

藏书不难，能看为难；看书不难，能读①为难；读书不难，能用为难；能用不难，能记②为难。

【原评】

洪去芜^③曰：心斋以"能记"次于"能用"之后，想亦苦记性不如耳。世固有能记而不能用者。

王端人曰：能记、能用，方是真藏书人。

张竹坡曰：能记固难，能行尤难。

【注释】

①读：这里指精读、仔细研读。

②记：牢记下来。

③洪去芜：洪嘉植（1645—1712 年），号秋士，安徽洪源（今歙县洪坑）人，生于南京，后移居仪征。天资聪颖，工诗文，博经籍，讲求井田、封建之学，终生未仕，素有"以布衣谈理学"之名，其诗文变颇有古风。有《洪去芜文集》《大荫堂文集》《朱子年谱》等传世。

【译文】

藏书并不困难，能够认真阅读比较困难；看书也不困难，能够汲取精髓比较困难；汲取精髓也不困难，能够实际应用比较困难；实际应用也不困难，能够长久储存在记忆里比较困难。

【原评译文】

洪去芜说：张潮先生把牢记放在会用后面，我想应该是记性差不如他人吧。世界上的确存在有可以记住却不会使用的人。

王端人说：能记、能用，才是真正算得上藏书的人。

张竹坡说：能够牢牢记住的确很困难，能够付诸行动则更加困难。

第九三则

【原文】

求知己于朋友易，求知己于妻妾难，求知己于君臣则尤难之难①。

【原评】

王名友曰：求知己于妾易，求知己于妻难，求知己于有妾之妻尤难。

张竹坡曰：求知己于兄弟亦难。

江含徵曰：求知己于鬼神则反易耳。

【注释】

①尤难之难：更是难上加难。

【译文】

在朋友中寻找知己比较容易，在妻妾中寻找知己比较困难，在君臣相处中寻找知己则是难上加难。

【原评译文】

王名友说：在妾中寻找知己是容易的，在妻子中寻找知己是困难的，在妻子的奴婢中寻找知己特别困难。

张竹坡说：在兄弟之中寻找知己也是困难的。

江含徵说：在鬼神中寻找知己反而变得很容易。

第九四则

【原文】

何谓善人？无损于世者，则谓之善人；何谓恶人？有害于世者，则谓之恶人。

【原评】

江含徵曰：尚有有害于世而反邀善人之誉，此实为好利而显为名高者，则又恶人之尤。

【译文】

什么是善人？不损害世界的人就是善人。什么是恶人？危害世界的人就是恶人。

【原评译文】

江含徵说：有一些人对社会造成损害，反而得到善人名誉的人，贪图利益是这些人的本质而外表反倒名声清高，这样的人比恶人还要坏。

第九五则

【原文】

有工夫读书，谓之福；有力量济人，谓之福；有学问著述，谓之福；无是非到耳，谓之福；有多闻、直、谅①之友，谓之福。

【原评】

殷日戒曰：我本薄福人，宜行求福事，在随时儆醒②而已。

杨圣藻曰：在我者可必，在人者不能必。

王丹麓曰：备此福者，惟我心斋。

李水槎③曰：五福骈臻④固佳，苟得其半者，亦不得谓之无福。

倪永清曰：直谅之友，富贵人久拒之矣，何心斋反求之也？

【注释】

①多闻、直、谅：指正直、诚实、见闻广博。这三者出自《论语·季氏》："益者三友，损者三友。友直，友谅，友多闻，益矣；友便辟，友善柔，友便佞，损矣。"

②儆醒：警诫而使醒悟。

③李水槎：即李淦，字若金，见第一五则注⑤。

④骈臻：并至，一并到来。

【译文】

　　有时间读书可以说是一种幸福，有能力去接济别人可以说是一种幸福，有学问著述可以说是一种幸福，耳边没有扰乱心境的是非对错可以说是一种幸福，有见识广博、直言不讳、诚实忠信的朋友，可以说是一种幸福。

【原评译文】

　　殷日戒说：我本来就是一个没有什么福气的人，要做求得福气的事，在于随时警诫提醒自己不犯过错罢了。

　　杨圣藻说：对于自己可以强迫去做，对于别人却不能这样。

　　王丹麓说：具备这五种福分的人，只有张潮先生。

　　李水樵说：五种福气全都得到当然很好，如果得到其中一半，也不能说是没有福气。

　　倪永清说：对于正直诚信的朋友，富有尊贵的人一直拒绝与他们交往，为什么张潮先生反而寻求与他们交往呢？

第九六则

【原文】

　　人莫乐于闲，非无所事事之谓也。闲则能读书，闲则能游名胜，闲则能交益友①，闲则能饮酒，闲则能著书。天下之乐，孰大于是？

【原评】

陈鹤山曰：然则正是极忙处。

黄交三曰：闲字前，有止敬②功夫，方能到此。

尤悔庵曰：昔人云"忙里偷闲"，闲而可偷，盗亦有
道矣。

李若金曰：闲固难得，有此五者，方不负闲字。

【注释】

①益友："益者三友"的略称，即上一条所说的"多闻、直、谅"
之友。

②止敬：尊重、尊敬。出自《大学》："为人君止于仁，为人臣止
于敬。"

【译文】

人生中再也没有比安闲更快乐的了，但安闲并不代表四处
游荡，无所事事。有闲暇的时间就可以读书，有闲暇的时间就
可以游览名胜，有闲暇的时间就可以结交良友，有闲暇的时间
就可以畅饮美酒，有闲暇的时间就可以撰写书籍。世界上的快
乐，还有哪一种比它更快乐呢？

【原评译文】

陈鹤山说：可是这正是极其忙碌之处。

黄交三说：闲字面前有严谨端正的态度，才能够达到这种
境界。

尤悔庵说：古时的人说"忙里偷闲"，闲暇如果能够偷来，就算是盗贼把闲暇偷来也是有道义的盗贼。

李若金说：闲暇尽管难得，可是有了这五种标准，才能不辜负闲字。

第九七则

【原文】

文章是案头之山水，山水是地上之文章。

【原评】

李圣许曰：文章必明秀，方可作案头山水；山水必曲折，乃可名地上文章。

【译文】

精美的文章，就像摆在案头的山水，让人流连忘返；绝妙的山水，就像大地写出的文章，经久耐读，百读不厌。

【原评译文】

李圣许说：文章一定要明净秀美，才能够做书桌上的山水；山水一定要曲折动人，才能够称为大地上的文章。

第九八则

【原文】

平上去入①，乃一定之至理。然入声之为字也少，不得谓凡字皆有四声也。世之调平仄②者，于入声之无其字者，往往以不相合之音隶③于其下。为所隶者，苟④无平上去之三声，则是以寡妇配鳏夫⑤，犹之可也。若所隶之字自有其平上去之三声，而欲强以从我，则是干⑥有夫之妇矣，其可乎？

姑就诗韵⑦言之，如东、冬韵⑧，无入声者也，今人尽调之以东、董、冻、督。夫督之为音，当附于都、睹、妒之下；若属之于东、董、冻，又何以处夫都、睹、妒乎？若东、都二字俱以督字为入声，则是一妇而两夫矣。三江⑨无入声者也，今人尽调之以江、讲、绛、觉，殊不知觉之为音，当附于交、绞、教之下者也。诸如此类，不胜其举。

然则如之何而后可？曰：鳏者听其鳏，寡者听其寡，夫妇全者安其全，各不相干而已矣。（东、冬、欢、桓、寒、山、真、文、元、渊、先、天、庚、青、侵、盐、咸诸部⑩，皆无入声者也。屋、沃⑪内如秃、独、鹄、束等字，乃鱼、虞韵内都、图等字之入声；卜、木、六、仆等字，乃五歌部之入声；玉、菊、狱、育等字，乃尤部之入声；三觉、十药，当属于萧、肴、豪；质、锡、职、缉，当属于支、微、齐。质内之橘、卒，物内之郁、屈，当属于虞、鱼；物内之勿、物等音，无平上去者也；讫、乞等，四支之入声也。陌部乃佳、灰之半，开、来等字之入声也。月部之月、厥、阙、谒等，及屑、叶二部，古无平上去，而今则为中州韵^⑫内车、遮诸字之入声也。伐、发等字，及曷部之括、适，及八点全部，又十五合内诸字，又十七洽全部，皆六麻之入声也。曷内之撮、阔等字，合部之合、盒数字，皆无平上去者也。若以缉、合、叶、洽为闭口韵^⑬，则止当谓之无平上去之寡妇，而不当调之以侵、寝、缉、咸、喊、陷、洽也。）

【原评】

　　石天外曰：中州韵无入声，是有夫无妇，天下皆成旷夫世界矣。

【注释】

　　①平上去入：古汉语字音的声调有平声、上声、去声、入声四种，总称"四声"，由南朝周颙、沈约等最早总结得出。

　　②平仄：平声和仄声。平，指四声中的平声。仄，指四声中的上、去、入三声。旧体诗词和骈俪文讲究声律，所用字音必须平仄相互交替，使声调谐协，谓之调平仄。

　　③隶：附属，归附。

　　④苟：如果。

　　⑤鳏夫：没有妻子的男人。

　　⑥干：冒犯。

　　⑦诗韵：诗词用韵所依据的韵书。唐宋时使用的《广韵》分 206 个韵部，南宋末年平水（今山西新绛）人刘渊将其简化为 107 个韵

部，并成为官方标准，称"平水韵"。元代阴时夫编《韵府群玉》，将平水韵再改为106个韵部，这就是元明清以来最通行的诗韵。本条谈论的诗韵，主要就是依据106部的平水韵。

⑧东、冬韵：这两个都是平声韵部，是平水韵上平中的一东、二冬两个韵部。

⑨三江：与三讲、三绛、三觉是配合使用的平、上、去、入四个韵部。

⑩诸部：一东、二冬、十四寒（欢、桓属这个韵部）、十五删（山属于这个韵部）、十一真、十二文、十三元均为上平声韵部，一先（渊、天属于这个韵部）、八庚、九青、十二侵、十四盐、十五咸均为下平声韵部。

⑪屋、沃：一屋、二沃为入声韵部。下面列出的四支、五微、六鱼、七虞、八齐、九佳、十灰等为上平声韵，二萧、三肴、四豪、五歌、六麻、十一尤等为下平声韵，二十六寝、二十七感（喊属于这个韵部）为上声韵，三十陷为去声韵，三觉、四质、五物（乞、讫属于这个韵部）、六月（发、伐属于这个韵部）、七曷、八点、九屑、十药、十一陌、十二锡、十三职、十四缉、十五合、十六叶、十七洽等为入声韵。

⑫中州韵：元代周德清《中原音韵》、卓从之《中州乐府音韵类编》等书中总结的音韵体系，也称"中原音韵"。中州韵有阴平、阳平、上声、去声四部而无入声，字音归为十九韵类，每韵分阴平、阳平、上声、去声四部，入声字分别派入阳平、上、去声中。

⑬闭口韵：音韵学中指以双唇音 m 或 b 收尾的韵母。

【译文】

　　声调分平声、上声、去声、入声，这是确定不变的准则。

然而入声字本身就少，不能认为所有字都具备四声。世上研究平仄音韵的人，在某个字没有入声的情况下，往往把不合韵的字归属在它的下面。这个被归入的字，若是没有平、上、去三声的话，那就是把寡妇配给光棍儿，尚且说得过去。要是被归入的那个字本身有其平、上、去三声，而要勉强它归属于入声，那就是冒犯有夫之妇，这怎么可以呢？

现在就拿诗韵来说，就像"东、冬"的韵是没有入声的，现在却全部把它们注成"东、董、冻、督"。"督"字按音来分的话，应该归属于"都、睹、妒"之下；将它归之于"东、董、冻"，又该如何处理"都、睹、妒"呢？若"东、都"两个字都以"督"字作为入声的话，那就好比是一女嫁二夫了。又如"三、江"是没有入声的，现在却全部注音为"江、讲、绛、觉"，殊不知"觉"这个字应该划分在"交、绞、教"的后面。类似这样的情况还有很多，不胜枚举。

既然如此，那么怎样才算是合理的呢？我认为，没有字注入声的，就让它空着；没有平声、上声、去声的入声字，就让它单独存在；平声、上声、去声、入声四声完整的，就让它完整地存在。三种情况互不相干就有序了。（"东、冬、欢、桓、寒、山、真、文、元、渊、先、天、庚、青、侵、盐、咸"等韵部，都没有入声字。"屋、沃"等韵部内像"秃、独、鹤、束"等字，是"鱼、虞"等韵部内的"都、图"等字的入声；"卜、木、六、仆"等字，是"五"韵部的入声。"玉、菊、狱、育"等字，是"尤"这个韵部的入声。"三觉、十药"，应当归属于"萧、肴、豪"。"质、锡、职、缉"，应当归属于

"支、微、齐"。"质"这个韵部里的"橘、卒",物部的"郁、屈",应当归属于"虞、鱼"。"物"这个韵部的"勿、物"等音,没有平声、上声和去声。"讫、乞"等字是四支韵部的入声。"陌"这个韵部是"佳、灰"这两部的"半、开、来"等字的入声。"月"部的"月、厥、阙、谒"等字,以及"屑、叶"两个韵部,古代没有平声、上声和去声,而如今则是中州韵内"车、遮"等字的入声字。"伐、发"等字,以及"曷"部的"括、适",以及八点这个韵部的所有字,加上十五合这个韵部的字,再加上十七洽这个韵部的所有字,都是六麻这个韵部的入声。"曷"部中的"撮、阔"等字,"合"部中的"合、盒"几个字,都没有平声、上声和去声。若是将"缉、合、叶、洽"等字作为闭口韵,那么只能认为它们是没有平声、上声和去声的"寡妇",而不能用"侵、寝、缉、咸、喊、陷、洽"等字来协调。)

【原评译文】

石天外说:中州韵没有入声,这就如有丈夫而没有老婆,全天下就成为光棍儿世界了。

第九九则

【原文】

《水浒传》是一部怒书①,《西游记》是一部悟书②,《金瓶梅》是一部哀书③。

【原评】

江含徵曰：不会看《金瓶梅》，而只学其淫，是爱东坡者，但喜吃东坡肉耳。

殷日戒曰：《幽梦影》是一部快书④。

朱其恭曰：余谓《幽梦影》是一部趣书。

【注释】

①怒书：《水浒传》中写的是英雄结义，啸聚山林，表现的是英雄们走投无路被逼造反的悲愤，所以称之为怒书。

②悟书：《西游记》借取经写了大量八卦、五行、金丹大道、心性之学等道教、佛教的内容，通过八十一难写挫折与勘破，最终悟道取得真经，因此也有很多人认为这是一部表现悟道的书。

③哀书：《金瓶梅》写世情与享乐，其中表现了人性中许多阴暗面，作者在写各色人物的同时，怀着一种悲天悯人的情怀，写出了人生的悲哀与无可奈何。

④快书：指通透快意的书。

【译文】

《水浒传》是一部表达愤怒的书，《西游记》是一部如何悟道的书，《金瓶梅》是一部传递哀世的书。

【原评译文】

江含徵说：不懂如何阅读《金瓶梅》，而仅仅记住书中淫乱的部分，就像喜欢苏东坡的人，不喜欢、不欣赏他的文采却只偏好酥烂的东坡肉。

殷日戒说：《幽梦影》是一部让人快意舒畅的书。

朱其恭说：我认为《幽梦影》是一部非常有趣的书。

第一〇〇则

【原文】

　　读书最乐，若读史书，则喜少怒多；究之①，怒处亦乐处也。

【原评】

　　张竹坡曰：读到喜怒俱忘，是大乐境。

　　陆云士曰：余尝有句云："读《三国志》，无人不为刘②；读《南宋书》③，无人不冤岳④。"第人不知怒处亦乐处耳。怒而能乐，惟善读史者知之。

【注释】

　　①究之：仔细推究，归根结底。

　　②无人不为刘：没有人不站在刘备这一边。

　　③《南宋书》：是明人钱士升撰写的一记记叙南宋历史的书。

　　④无人不冤岳：没有人不替岳飞感到冤屈。

【译文】

　　读书是件最为快乐的事，如果读的是史书，那么喜悦就会较少而愤怒就会较多；如果细心品味就会发现，愤怒的地方其实也是充满乐趣的地方。

【原评译文】

张竹坡说：读书过程中把喜悦和愤怒全部忘记，这才是最快乐的境界。

陆云士说：我曾经有句话说："读《三国志》时，没有人不站在刘备一边；读《南宋史》时，没有人不为岳飞感到冤屈的。"但人们不知道愤怒的地方也是快乐的地方。愤怒能够让人快乐，只有善于读史书的人才能够理解得到。

第一〇一则

【原文】

发前人未发之论，方是奇书；言妻子难言之情^①，乃为密友。

【原评】

孙恺似曰：前二语，是心斋著书本领。

毕右万曰：奇书我却有数种，如人不肯看何？

陆云士曰：《幽梦影》一书所发者，皆未发之论；所言者，皆难言之情。欲语羞雷同^②，可以题赠。

【注释】

①言妻子难言之情：能够谈论对妻子、儿女也难以诉说的衷情。

妻子，妻子儿女。

②欲语羞雷同：出自唐代诗人杜甫的《前出塞》九首之九："从军十年余，能无分寸功。众人贵苟得，欲语羞雷同。中原有斗争，况在狄与戎。丈夫四方志，安可辞固穷。"此处指立意不与他人雷同，发别人所未发之议论。

【译文】

能阐明前人没有提出过的观点，才能算得上是奇书；能够在朋友面前谈论对妻子儿女也难以诉说的衷情，这样的朋友才是亲密无间的朋友。

【原评译文】

孙恺似说：前两句话是张潮先生写书的本事。

毕右万说：奇书我倒是收藏有好几种，可是别人不愿意看怎么办？

陆云士说：《幽梦影》一书所表达的内容，都是他人没有发出过的议论；书中所说的，都是很难表达的感情。"欲语羞雷同"这句诗，可以用来作为题赠。

第一〇二则

【原文】

一介之士①，必有密友。密友不必定是刎颈之交②。大率③虽千百里之遥，皆可相信，而不为浮言④所动；闻有谤之者，即多方为之辩析而后已；事之宜行宜止者，代为筹划决断；或事当利害关头，有所需而后济⑤者，即不必与闻⑥，亦不虑其负我与否，竟为力承其事。此皆所谓密友也。

【原评】

殷日戒曰：后段更见恳切周详，可以想见其为人矣。

石天外曰：如此密友，人生能得几个？仆愿心斋先生当之。

【注释】

①一介之士：一个普通人。一介，一个，多指一个人，多用于自谦。

②刎颈之交：比喻可以同生死、共患难的朋友。

③大率：大概，大致来说。

④浮言：流言蜚语，没有根据的话。

⑤济：成功。

⑥即：即使，就算。不必与闻：不一定亲自听当事的朋友说起。

【译文】

身为一个普通人，一定要有亲密的朋友。亲密的朋友并非一定是那种同生死、共患难的刎颈之交。大体上来说即便相隔千百里之遥，彼此还能够信任，不会因为谣言而动摇；听到他人说自己朋友的坏话，就从多方面为朋友辩解剖析，澄清事情的真相；遇到哪些应该做、哪些不应该做，替朋友做出计划和决断；有时事情处于关键时刻，需要花些钱财才能办成，就不一定非要让朋友知道，也不去考虑他是否会辜负自己，毫不犹

第一〇二则

豫地想尽办法替他把这件事情承担下来。能够做到这些，就是可以真心交往的密友。

【原评译文】

殷日戒说：后段更能看出诚恳和细致，可以想象出张潮先生的为人了。

石天外说：这样的密友，人的一生中能得到几个？我希望能与张潮先生做这种密友。

第一○三则

【原文】

风流自赏，只容花鸟趋陪①；真率谁知？合受烟霞供养②。

【原评】

江舍徵曰：东坡有云③："当此之时，若有所思而无所思。"

【注释】

①趋陪：亲近陪伴。

②合：应该。烟霞：变化的云气。供养：将饮食等供献给神佛或以饭食招待僧人，这里泛指供给营养。

③东坡有云：出自苏轼《书临皋亭》："东坡居士酒醉饭饱，倚于几上，白云左缭，清江右洄，重门洞开，林峦岔入。当是时，若有所

思而无所思，以受万物之备。"

【译文】

文采洒脱风流，只能自我欣赏，只能让花鸟与我为伴；真率性情，有谁能够真正知道？只能纵情于湖光山色之中，寄托于烟霞之中。

【原评译文】

江含徵说：苏东坡说过："处在这种时候，似乎有所思虑而又没有什么可所求的。"

第一〇四则

【原文】

万事可忘，难忘者名心[①]一段；千般易淡，未淡[②]者美酒三杯。

【原评】

张竹坡曰：是闻鸡起舞[③]、酒后耳热[④]气象。

王丹麓曰：予性不耐饮，美酒亦易淡。所最难忘者，名耳。

陆云士曰：惟恐不好名，丹麓此言具见真处。

【注释】

①名心：求取名誉的心情。

②淡：淡泊，失去兴趣。

③闻鸡起舞：听到鸡叫就起来舞剑。典出《晋书·祖逖传》："中夜闻荒鸡鸣，蹴琨觉，曰：'此非恶声也。'因起舞。"

④酒后耳热：形容喝酒喝得正高兴的时候。

【译文】

世间什么事情都可以忘记，可是最难忘记的是求取名誉的心情；世间许多事情都容易淡漠，不能淡漠的是三杯酒后的醉意。

【原评译文】

张竹坡说：这是闻鸡起舞、喝酒喝到高兴时的现象。

王丹麓说：我天生不能饮酒，也记不清那些美酒的名字。最不能忘记的，还是对功名的追求。

陆云士说：只怕不喜欢追求功名，丹麓这番话说得很真实。

第一〇五则

【原文】

芰荷①可食，而亦可衣②；金石可器③，而亦可服。

【原评】

张竹坡曰：然后知濂溪④不过为衣食计耳。

王司直曰：今之为衣食计者，果似濂溪否？

【注释】

①芰荷：指菱与荷。两者都可以吃。《楚辞·离骚》："制芰荷以为衣兮，集芙蓉以为裳。"

②衣：动词，芰叶和莲叶可以做成衣服穿。

③金石：既指用来加工成器具的金属和石头，又指古代道家的丹药。器：动词，制成器具。

④濂溪：周敦颐（1017—1073 年），原名敦实，字茂叔，号濂溪，道州（今湖南道县）人，人称濂溪先生。北宋思想家、理学家，宋明理学创始人之一。他曾经写过《爱莲说》，表达对莲花的喜爱。

【译文】

菱与荷既可以当作食物食用，也可以制成衣服穿在身上；金石可以制成器具，而且也可以进行服用。

【原评译文】

张竹坡说：由此可以看出周濂溪喜爱荷花，他的目的不过是为穿衣、吃饭考虑罢了。

王司直说：如今这些把莲当成衣食的人，果真能像周濂溪那样清高吗？

第一〇五则

第一〇六则

【原文】

宜于耳，复宜于目者，弹琴也，吹箫也；宜于耳，不宜于目者，吹笙①也，挛管②也。

【原评】

李圣许曰：宜于目不宜于耳者，狮子吼③之美妇人也；不宜于目并不宜于耳者，面目可憎、语言无味之纨袴子④也。

庞天池曰：宜于耳复宜于目者，巧言令色⑤也。

【注释】

①笙：管乐器名。

②挛：用手指按捺。管：竹制乐器。

③狮子吼：河东狮吼，喻悍妻怒骂之声。苏轼有《寄吴德仁兼简陈季常》诗："龙丘居士亦可怜，谈空说有夜不眠。忽闻河东狮子吼，拄杖落手心茫然。"

④纨袴子：指富贵人家成天吃喝玩乐、不务正业的子弟。

⑤巧言令色：用动听的言语和伪善的面目取悦于人。巧言，花言巧语。令色，讨好的表情。《论语·学而》："巧言令色，鲜矣仁。"

【译文】

既好听又赏心悦目的，是弹琴、吹箫；好听而看上去不怎么雅观的，是吹笙、吹笛子。

【原评译文】

李圣许说：看着舒服而听着不舒服的，是破口大骂的美丽妇人；看着不舒服、听着也不舒服的，是相貌让人憎恶、言语乏味无聊，而且整日不务正业、吃喝玩乐的富家子弟。

庞天池说：听着既悦耳看着又舒服的，是用动听的言语和伪善的面孔取悦于他人的行为。

第一〇七则

【原文】

看晓妆，宜于傅粉之后。

【原评】

余淡心曰：看晚妆，不知心斋以为宜于何时？

周冰持①曰：不可说！不可说！

黄交三曰：水晶帘下看梳头②，不知尔时③曾傅粉否？

庞天池曰：看残妆，宜于微醉后，然眼花撩乱矣。

【注释】

①周冰持：周稚廉（1666—1694年），字冰持，号可笑人。江苏松江人。监生。少时以《钱塘观潮赋》知名。康熙中叶在扬州遇孔尚任，曾以诗酬唱。著有传奇《珊瑚玦》《双忠庙》《元宝媒》，另有词集《容居堂词》。

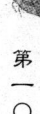

②水晶帘下看梳头：语出唐代诗人元稹《离思》五首之二："山泉散漫绕阶流。万树桃花映小楼。闲读道书慵未起，水晶帘下看梳头。"

③尔时：犹言其时或彼时。

【译文】

看一个女子清晨的梳妆，应该在她略略施完薄粉以后。

【原评译文】

余淡心说：看女子晚间的妆饰，不知道张潮先生认为什么时候适合？

周冰持说：不能够说出来，不能够说出来！

黄交三说：站在外面，透过水晶制作的帘子，观看里面梳头的女子，不知道对方此时擦粉了吗？

庞天池说：观看残妆，适合在微微有些醉意以后，这种情况下情思荡漾，眼前一片恍惚。

第一〇八则

【原文】

我不知我之生前①，当春秋之季，曾一识西施②否？当典午③之时，曾一看卫玠④否？当义熙⑤之世，曾一醉渊明否？当天宝⑥之代，曾一睹太真否？当元丰⑦之朝，曾一晤东坡否？

千古之上，相思者不止此数人。而此数人则其尤甚者，故姑举之以概其余也。

【原评】

杨圣藻曰：君前生曾与诸君周旋，亦未可知，但今生忘之耳。

纪伯紫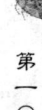曰：君之前生，或竟是渊明、东坡诸人，亦未可知。

王名友曰：不特此也！心斋自云："愿来生为绝代佳人！"又安知西施、太真，不即为其前生耶！

郑破水曰：赞叹爱慕，千古一情。美人不必为妻妾，名士不必为朋友，又何必问之前生也耶！心斋真情痴也。

陆云士曰：余尝有诗曰："自昔闻佛言，人有轮回事。前生为古人，不知何姓氏？或览青史中，若与他人遇。"竟与心斋同情，然大逊其奇快！

【注释】

①生前：指转世为这个人之前，即前世。佛家有轮回转世之说。

②西施：春秋时期的越国美女。或称先施，本名施夷光，亦称西子。

③典午：隐指司马，是晋朝的代称。《三国志·蜀书·谯周传》："周语次，因书版示立曰：'典午忽兮，月酉没兮。'典午者，谓司马也；月酉者，谓八月也。至八月而文王（司马昭）果崩。"典，掌管，与"司"同义。午，十二生肖中对应马。

④卫玠（286—312年）：字叔宝，小字虎，晋朝河东安邑人。他容貌俊美，风采极佳，被称为玉人。

⑤义熙：东晋安帝的年号，也是东晋最后一个年号，公元405—418年。陶渊明主要活动于这个时期。

⑥天宝：唐玄宗时的年号，742—756年。唐玄宗开元、天宝时被称为盛世。

⑦元丰：宋神宗时的年号，1078—1085年。苏轼号东坡居士，元丰年间被贬黄州。

⑧纪伯紫：纪映钟（1609—1681年），字伯紫，又作伯子、蘗子，号戆叟，自称钟山遗老，明末清初江南上元（今江苏南京）人，后移居仪征，是纪青之子。明诸生。崇祯时为复社领袖，明亡后，弃诸生，躬耕养母。工诗善书，著有《真冷堂诗稿》《戆叟诗钞》。

【译文】

我不知道我的前生在春秋时代时，是否认识过美女西施？在西晋时，是否见过卫玠？在东晋义熙年间，是否曾与陶渊明醉饮过？在唐代天宝年间，是否见过杨贵妃一面？在宋代元丰年间，是否见过苏东坡一面？

千百年来，时光悠悠，我思念的人远远不止这几个，这只是其中几个最思念的，因此姑且列举这几个人来概括我对其他人的思念罢了。

【原评译文】

杨圣藻说：张潮先生前世是否曾经与这些人交往已经不可能知道，只是现在已经把他们忘记了啊。

纪伯紫说：张潮先生的前世或者就是陶渊明、苏东坡等人，也不一定。

王名友说：不仅如此。张潮先生自己说希望来生做个绝代夫人，又怎么知道西施、杨贵妃，不是他的前世呢？

郑破水说：赞叹爱慕，千百年来感情是一样的。美人不一定要娶作妻妾，名人侠士不一定要成为朋友，又何必要问前世呢？张潮先生真是一个感情专注的人。

陆云士说：我曾经写诗说："自昔闻佛言，人有轮回事。前生为古人，不知何姓氏？或览青史中，若与他人遇。"竟然与张潮先生有共同的感受，然而远逊于他的奇思妙想。

第一〇九则

【原文】

我又不知在隆、万①时，曾于旧院中交几名妓？眉公②、伯虎③、若士④、赤水⑤诸君，曾共我谈笑几回，茫茫宇宙，我今当向谁问之耶！

【原评】

江含徵曰：死者有知，则良晤匪遥。如各化为异物，吾未如之何也已！

顾天石曰：具此襟情，百年后当有恨不与心斋周旋者，则吾幸矣！

【注释】

①隆、万：指明隆庆、万历年间。

②眉公：陈继儒，华亭（上海松江）人，字仲醇，号眉公，明代

文学家、书画家，著有《妮古录》《陈眉公全集》《小窗幽记》。

③伯虎：明代画家唐寅，字伯虎，号六如居士。弘治中举乡试第一，世称唐解元。

④若士：汤显祖（1550—1616 年），字义仍，号海若，又号若士，别署清远道人，是明代戏曲作家。

⑤赤水：屠隆（1542—1605 年），字长卿，一字纬真，号赤水、鸿苞居士，浙江鄞县人。明代文学家、戏曲家。著有《栖真馆集》《由拳集》《采真集》《南游集》《鸿苞集》等。

【译文】

我还不知道在明代隆庆、万历年间，我是否曾在歌楼妓院之中结识过几个美妓？陈继儒、唐伯虎、汤显祖、屠隆列位是否曾与我谈笑过几回？宇宙茫茫，现在我该去向谁问这些事情呢？

【原评译文】

江含徵说：如果死去的人有知觉，那么欢聚并不遥远。如果是死后各自变成其他异类，那我就不知道怎么办了。

顾天石说：张潮先生具有这种胸襟和情怀，百年之后应当会有遗憾不能与张潮先生交往的人，那么我非常幸运了啊。

第一一〇则

【原文】

文章是有字句之锦绣，锦绣是无字句之文章，两者同出于一源。姑即其粗迹论之，如金陵，如武林，如姑苏^①，书林之所在，即机杼之所在也。

【注释】

①金陵、武林、姑苏：分别为现在的南京、杭州、苏州。

【译文】

文章是由字句交织而成的锦绣制品，锦绣制品是没有字句的文章，文章与锦绣同出于一个源头。姑且用粗浅的事迹证明它，如南京、杭州、苏州，是出文章的地方，也是出纺织品的地方。

第一一一则

【原文】

予尝集诸法帖^①字为诗，字之不复而多者，莫善于《千字文》^②。然诗家目前常用之字，犹苦其未备。如天文之烟霞风雪，地理之江山塘岸，时令之春宵晓暮，人物之翁僧渔樵，花木之花柳苔萍，鸟兽之蜂蝶莺燕，宫室之台槛轩窗，器用之舟船壶杖，人事之梦忆愁恨，衣服之裙袖锦绮，饮食之茶浆饮酌，身体之须眉韵态，声色之红绿香艳，文史之骚赋题吟，数目之一三双半，皆无其字。《千字文》且然，况其他乎？

【原评】

黄仙裳曰：山来此种诗，竟似为我而设。

顾天石曰：使其皆备，则《千字文》不为奇矣！吾尝于千字之外，另集千字，而已不可复得，更奇。

【注释】

①法帖：名家书法墨迹的拓本或印本。宋代曹士冕《法帖谱系·杂说上》："太宗皇帝时，尝遣使购募前贤真迹，集为法帖十卷，镂板而藏之。"

②《千字文》：原名为《次韵王羲之书千字》，是古代用来教儿童识字的重要启蒙读物，由南朝梁周兴嗣编，和《三字经》《百家姓》合称"三百千"。

【译文】

我曾经收集了许多字帖的字凑成诗，字不相重复而又多的，没有超过《千字文》的。但是诗人目前常用的字，还是苦于它不完备。如天文类的烟、霞、风、雪，地理类的江、山、塘、岸，时令类的春、宵、晓、暮，人物类的翁、僧、渔、樵，花木类的花、柳、苔、萍，鸟兽类的蜂、蝶、莺、燕，宫室类的台、槛、轩、窗，器用类的舟、船、壶、杖，人事类的梦、忆、愁、恨，衣服类的裙、袖、锦、绮，饮食类的茶、浆、饮、酌，身体类的须、眉、韵、态，声色类的红、绿、香、艳，文史类的骚、赋、题、吟，数目类的一、三、双、半，这些字都没有。《千字文》尚且如此，何况其他的书帖呢？

【原评译文】

黄仙裳说：山来的这种集字诗，竟然好像是为我所设的。

顾天石说：假使都能具备，那《千字文》就不算奇特了。我曾经在《千字文》之外，另外收集了千字，然而已经不能再得，更是奇特。

第一一二则

【原文】

花不可见其落，月不可见其沉，美人不可见其夭。

【原评】

朱其恭曰：君言谬矣！洵如所云，则美人必见其发白齿豁，而后快耶！

【译文】

赏花不应该看它凋落的样子，赏月亮不应该看它沉落的样子，赏佳人不应该看她早逝的样子。

【原评译文】

朱其恭说：张潮先生您这话错了。如果确实如同您所说的那样，那么美人一定要看到她头发变白牙齿缺落才感到快乐吗？

第一一三则

【原文】

种花须见其开，待月须见其满，著书须见其成，美人须见其畅适①，方有实际②。否则皆为虚设③。

【原评】

王璞庵曰：此条与上条互相发明。盖曰："花不可见其落耳，必须见其开也。"

【注释】

①畅适：舒畅顺适。

②实际：切实的价值。

③虚设：徒具其表、没有实际意义的摆设。

【译文】

种花一定要看到它盛开，赏月一定要看到它圆满，撰写著作一定要看到书成，美人一定要看到她心情舒畅的时刻，这才有意义，否则的话一切都是虚妄不实的。

【原评译文】

王璞庵说：这一条与上一条互相呼应，大概的意思是说："花儿不应该看它凋零的样子，一定要看它盛开的姿态。"

第一一四则

【原文】

惠施多方，其书五车，虞卿①以穷愁著书，今皆不传，不知书中果作何语？我不见古人，安得不恨！

【原评】

王仔园②曰：想亦与《幽梦影》相类耳！

顾天石曰：古人所读之书，所著之书，若不被秦人烧尽，则奇奇怪怪，可供今人刻画者，知复何限！然如《幽梦影》等书出，不必思古人矣。

倪永清曰：有著书之名，而不见书，省人多少指摘！

庞天池曰：我独恨古人不见心斋！

【注释】

①虞卿：战国时的游说之士，曾为赵国上卿。后著成《虞氏春秋》，佚失不传。

②王仔园：王宾（1628—1682年），字宾王，号仔园，江都（今江苏扬州）人。

【译文】

名家学派的开山鼻祖惠子博学多才，所著述的书有五车之多；战国名士虞卿穷困潦倒的时候还著书立说，遗憾的是这些书都没能流传下来。我无法知道他们都在书中到底说了些什么。我读不到古人的思想和智慧，怎能不让人产生遗憾呢？

【原评译文】

王仔园说：可以想象得出，这些书也与《幽梦影》相似吧。

顾天石说：古人所读的书，所写的书，如果不被秦朝人烧光，那么各种奇奇怪怪的事情，今天的人可以通过刻板印刷，印出许许多多的书。可是像《幽梦影》这样的书一出现，就没有必要去想念古人写的书了。

倪永清说：有写出好书的能力但看不到他们所写的书，自然就省去了别人的指责和批评。

庞天池说：我此生最为遗憾的事就是，古人不能见到张潮先生。

第一一五则

【原文】

以松花①为粮，以松实为香②，以松枝为麈尾③，以松阴为步障④，以松涛⑤为鼓吹。山居得乔松⑥百余章⑦，真乃受用不尽。

【原评】

施愚山⑧曰：君独不记曾有松多大蚁之恨耶？

江含徵曰：松多大蚁，不妨便为蚁王。

石天外曰：坐乔松下，如在水晶宫中，见万顷波涛总在头上，真仙境也。

【注释】

①松花：据明代李时珍《本草纲目》记载："松花，别名松黄……润心肺，益气，除风止血。亦可酿酒。"

②松实为香：松树的果实含有脂状物，成为松脂、松香等，可以入药、可以照明，有天然芳香。

③麈尾：古人闲谈时执以驱虫、掸尘的一种工具。在细长的木条两边及上端插设兽毛，或直接让兽毛垂露外面，类似马尾松。

④松阴：松树的树荫。步障：用以遮蔽风尘或隔离内外的一种屏幕。

⑤松涛：风吹过松林，松枝互相碰击发出的如波涛般的声音，也称松风。

⑥乔松：高大的松树。乔，高。《国经·郑风·山有扶苏》："山有乔松，隰有游龙。"

⑦章：大的树木。

⑧施愚山：施闰章（1618—1683年），明末清初宣城（今属安徽）人，字尚白，号愚山、蠖斋。顺治六年（1649年）进士。文章淳雅，尤工于诗，与宋琬有"南施北宋"之称，据东南诗坛数十年，号"宣城体"。著有《学余堂文集》《试院冰渊》《青原志略补辑》《矩斋杂记》《蠖斋诗话》。

【译文】

用松花作为粮食，用松树的果实作为熏香，用松树的枝叶作为麈尾，用松树的树荫作为屏障，用起伏的松涛作为音乐。
住在山中，假如有上百棵松树，真是让人享受不尽的福分。

【原评译文】

施愚山说：张潮先生可能忘记了，自己曾说过松树下有许
多大蚂蚁的遗憾了吧！

江含徵说：松树下有许多大蚂蚁，不妨就做蚁王。

石天外说：坐在高大的松树下，就像身在水晶宫中，看到
头顶上的万顷波浪，简直就是仙境啊。

第一一六则

【原文】

玩月之法，皎洁则宜仰观，朦胧则宜俯视。

【原评】

孔东塘曰：深得玩月三昧①。

【注释】

①三昧：奥妙，诀窍。

【译文】

观赏月色的方法在于，月色皎洁的时候应该抬头仰望，月
色朦胧的时候则适合站在高处向下看。

【原评译文】

孔东塘说：深得观赏月色的奥秘。

第一一七则

【原文】

孩提之童^①，一无所知，目不能辨美恶，耳不能判清浊，鼻不能别香臭。至若味之甘苦，则不第知之，且能取之弃之。告子以甘食、悦色为性^②，殆^③指此类耳。

【注释】

①孩提之童：指尚在襁褓之中、刚刚知道笑的幼儿，一般指两三岁以内的孩子。

②告子以甘食、悦色为性：告子将喜欢甘美的食物和喜欢美色，视为人类的本性。告子，告不害，战国时人。主张人性无善恶说。又主张"食、色，性也"，认为喜欢甘甜的饮食和美色，这是人类的本性。

③殆：大概。

【译文】

还生活在襁褓中的婴儿，什么都不懂得，眼睛不能辨别外界的美好与恶丑，耳朵不能判别外界的清浊之音，鼻子不能分辨外界的香与臭。但对于味道的苦与甜，他们不仅仅知道，而

且还知道要什么不要什么。告子把喜欢吃甜美的东西、喜欢观看美色视为人的本性，大概说的就是这个意思吧。

第一一八则

【原文】

凡事不宜刻，若读书则不可不刻①；凡事不宜贪，若买书则不可不贪②；凡事不宜痴，若行善则不可不痴③。

【原评】

余淡心曰：读书不可不刻，请去一"读"字，移以赠我，何如？

张竹坡曰：我为刻书累，请并去一"不"字。

杨圣藻曰：行善不痴，是邀名矣。

【注释】

①刻：前一个是苛刻、严苛之意，后一个是刻苦、深入之意。

②贪：前一个是贪婪、贪得无厌之意，后一个是如饥似渴、不知满足之意。

③痴：前一个是愚笨之意，后一个是沉迷、专注之意。

【译文】

任何事情都不应当过分苛刻，如果是读书的话，就必须深入钻研；任何事情都不应当过分贪婪，如果是购买书籍的话，就不应当不如饥似渴；任何事情都不应当过分痴迷，如果是行善积德的话，就必须痴迷一些。

【原评译文】

余淡心说：读书不可不刻，请去掉一个"读"字，然后拿来送给我，怎么样？

张竹坡说：我因为刻印书籍而劳累，请一并去掉一个"不"字。

杨圣藻说：如果做善事不达到痴迷的地步，那就是在追求名声啊。

第一一九则

【原文】

酒可好，不可骂座；色可好，不可伤生；财可好，不可昧心；气可好，不可越理。

【原评】

袁中江曰：如灌夫使酒，文园①病肺，昨夜南塘一出②，马上挟章台柳③归，亦自无妨，觉愈见英雄本色也。

【注释】

①文园：指司马相如，因曾任孝文园令。

②昨夜南塘一出：意为昨夜去打劫了一次。东晋祖逖部下夜间去

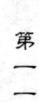

南塘一带抢劫财物，有人问那些东西哪里来的，祖逖说："昨夜复南塘一出。"

③章台柳：唐朝韩翃有姬柳氏，安史之乱时留居长安，为蕃将沙咤利抢去。韩翃托人寄诗给柳氏："章台柳，章台柳，昔日青青今在否，纵使长条似旧垂，亦应攀折他人手。"后来侯希逸部将许俊飞马而去，设计把柳氏夺回来，仍归韩翃。

【译文】

可以嗜好饮酒，但不能借着酒气骂人；可以爱好美色，但不能过分纵欲伤及身体；可以贪恋钱财，但不能昧着良心赚黑心钱；可以发泄内心的愤慨，但不能逾越情理这条底线。

【原评译文】

袁中江说：像灌夫借助饮酒故意发泄心中的不满，司马相如因为与卓文君相好而引发痼疾，祖逖夜里带人出门抢劫，许俊马上携章台柳氏而归，也没有什么不好的，我反而觉得他们越发显出英雄本色。

第一二〇则

【原文】

文名可以当科第①，俭德②可以当货财，清闲可以当寿考③。

【原评】

聂晋人曰：若名人而登甲第，富翁而不骄奢，寿翁而又清闲，便是蓬壶三岛中人④也。

范汝受⑤曰：此亦是贫贱文人无所事事，自为慰藉云耳。恐亦无实在受用处也。

曾青藜⑥曰："无事此静坐，一日似两日。若活七十年，便是百四十"，此是"清闲当寿考"注脚。

石天外曰：得老子退一步法。

顾天石曰：予生平喜游，每逢佳山水，辄留连不去，亦自谓可当园亭之乐。质之心斋，以为然否？

【注释】

①文名：善于写文章的名声。科第：指参加科举考试中第，取得功名。本意是指按照科条来决定等级次第。

②俭德：勤俭的美德。

③寿考：长寿。考，老。

④蓬壶三岛中人：即神仙。蓬壶三岛，指传说中的蓬莱、方丈、瀛洲三座海上仙山。亦泛指仙境。唐代郑畋《题缑山王子晋庙》："六宫攀不住，三岛互相招。"

⑤范汝受：范国禄（1623—1696年），字汝受，号十山，通州（今江苏南通）人。父凤翼，东林党人，入清不仕。国禄屡试不第，游踪半天下，著有《十山楼稿》。

⑥曾青藜：曾灿（1625—1689年），原名传灿，字青藜，一字止山，宁都（今属江西）人。崇祯末年兵部给事中曾应遴第二子，曾任兵部职方主事，参南明唐王军事，败后削发为僧出游。与魏禧、魏际

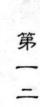

瑞、魏礼、彭士望等称"易堂九子"。晚年以笔舌糊口四方，卒于京师。曾选同时人诗二十卷为《过日集》，又有《六松堂文集》《西崦草堂诗集》等。

【译文】

一个人的成就和名声可以代替科举考试的成功，勤俭节约的美德可以当作财产，拥有的清闲时光可以当作长寿。

【原评译文】

聂晋人说：如果有名望的人又科举登上甲第，家中富有而不骄横奢侈，身为长寿翁而又清闲无事，便是蓬莱三岛中的神仙。

范汝受说：这也是贫穷卑微的读书人整天没什么事情，自我安慰罢了，恐怕在现实生活中没有什么好处。

曾青藜曰："无事此静坐，一日似两日。若活七十年，便是百四十"，这是"清闲当寿考"这句话的注解。

石天外说：这种议论深得老子后退一步的说法。

顾天石说：我平常喜欢游玩，每当遇到好山水就留恋不离去，也自认为可以代替园林亭台之乐。请问张潮先生是不是这样呢？

第一二一则

【原文】

不独诵其诗、读其书①，是尚友②古人，即观其字画，亦是尚友古人处。

【原评】

张竹坡曰：能友字画中之古人，则九原③皆为之感泣④矣。

【注释】

①诵其诗、读其书：吟咏他们作的诗，读他们著的书。语出《孟子·万章下》："以友天下之善士为未足，又尚论古之人。颂其诗，读其书，不知其人，可乎？是以论其世也，是尚友也。"颂，同"诵"。

②尚友：上与古人为友。尚，同"上"。

③九原：本为山名，这里泛指墓地。唐代皎然《短歌行》有："萧萧烟雨九原上，白杨青松葬者谁？"

④感泣：感动地落泪。

【译文】

不仅吟咏他们写的诗、诵读他们著的书，这种方式就等于同古人交友，就连欣赏他们留下的字画的人，也等同于把他们当作朋友。

【原评译文】

张竹坡说：把字画中的古人视为友，那么埋在坟墓里的人都为此感动得流下眼泪。

第一二二则

【原文】

无益之施舍，莫过于斋僧；无益之诗文，莫甚于祝寿。

【原评】

张竹坡曰：无益之心思，莫过于忧贫；无益之学问，莫过于务名。

殷简堂曰：若诗文有笔资①，亦未尝不可。

庞天池曰：有益之施舍，莫过多送我《幽梦影》几册。

【注释】

①笔资：润笔，酬劳。

【译文】

没有任何好处的施舍，莫过于把食物施舍给僧侣。没有任何好处的诗词文章，莫过于给人写祝寿之作。

【原评译文】

张竹坡说：毫无益处的心思，没有比担忧贫穷更无聊的；毫无益处的学问，没有比追求虚名更无聊的。

殷简堂说：如果写核收的诗文有报酬，未必不是一件好事。

庞天池说：有好处的施舍，莫过于多送给我几册《幽梦影》。

第一二三则

【原文】

妾美不如妻贤，钱多不如境顺。

【原评】

张竹坡曰：此所谓竿头欲进步者。然妻不贤，安用①妾美？钱不多，那得境顺？

张迂庵曰：此盖谓二者不可得兼，舍一而取一者也。又曰：世固有钱多而境不顺者。

【注释】

①安用：哪里用得着。

【译文】

侍妾的貌美不如妻子的贤德，钱财方面的富足不如境遇的顺畅。

【原评译文】

张竹坡说：这就是所谓的百尺竿头还想要更进一步。如果妻子不贤惠，侍妾的美貌又有何用呢？如果钱不够多，境遇怎么能够顺畅呢？

张迂庵说：这大概说的就是两者不能兼得，舍弃其中一个而去取另一个。又说：世上的确有钱财富足但是处境不顺的人。

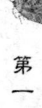

第一二四则

【原文】

创新庵不若修古庙，读生书不若温旧业。

【原评】

张竹坡曰：是真会读书者，是真读过万卷书者，是真一书曾读过数遍者。

顾天石曰：惟《左传》、《楚词》、马、班、杜、韩①之诗文，及《水浒》、《西厢》、《还魂》②等书，虽读百遍不厌。此外皆不耐温者矣，奈何！

王安节曰：今世建生祠③，又不若创茅庵④。

【注释】

①马、班、杜、韩：指《史记》的作者司马迁、《汉书》的作者班超，以及唐代诗人杜甫、散文家韩愈。

②《还魂》：即明代戏剧家汤显祖的《牡丹亭》，又称《还魂记》《还魂梦》或《牡丹亭梦》。

③生祠：为活人立的祠庙。

④茅庵：茅草屋。

【译文】

建造新的寺庙，不如修葺古老的寺院；阅读那些不熟悉的书籍，不如温习已经读过的书籍。

【原评译文】

张竹坡说：张潮先生绝对是会读书的人，是绝对读过万卷书的人，是绝对一本书读过许多遍的人。

顾天石说：只有《左传》、《楚辞》、司马迁、班固、杜甫、韩愈等人的诗文，以及《水浒传》《西厢记》《还魂记》等书，即便读了上百遍也还想继续读。此外其他的书籍都经不起温习，怎么办？

王安节说：如今为活着的人建造祠庙，还不如盖茅草房屋。

第一二五则

【原文】

字与画同出一原。观六书①始于象形，则可知已。

【原评】

江含徵曰：有不可画之字，不得不用六法也。

张竹坡曰：千古人未经道破，却一口拈出。

【注释】

①六书：汉代学者根据小篆归纳出的六种造字原则，即：象形、指事、会意、形声、转注、假借。

【译文】

　　字和画产生于同一个源头。看汉字的六种构造方法是从象形开始的，便可以知道了。

【原评译文】

　　江含徵说：有不能画的字，只好用六种方法来造字。

　　张竹坡说：千年来没被人说破的道理，您却一句全说清了。

第一二六则

【原文】

　　忙人园亭，宜与住宅相连；闲人园亭，不妨与住宅相远。

【原评】

　　张竹坡曰：真闲人，必以园亭为住宅。

【译文】

　　忙碌之人的园林应当与住宅紧密连在一起，闲适之人的园林应当距离自己的住宅远一些。

【原评译文】

　　张竹坡说：真正的闲适之人，必然会把园林当成自己的住宅。

第一二七则

【原文】

酒可以当茶，茶不可以当酒；诗可以当文，文不可以当诗；曲可以当词，词不可以当曲；月可以当灯，灯不可以当月；笔可以当口，口不可以当笔；婢可以当奴^①，奴不可以当婢。

【原评】^{〔1〕}

江含徵曰：婢当奴则太亲，吾恐"忽闻河东狮子吼"耳！

周星远曰：奴亦有可以当婢处，但未免稍逊耳。近时士大夫往往耽此癖^②。吾辈驰骛之流^③，盗此虚名，亦欲效颦相尚。滔滔者天下皆是也^④，心斋岂未识其故乎？

张竹坡曰：婢可以当奴者，有奴之所有者也；奴不可以当婢者，有婢之所同有，无婢之所独有者也。

弟木山曰：兄于饮食之顷，恐月不可以当灯。

余湘客曰：以奴当婢，小姐权时落后也。

宗子发曰：惟帝王家不妨以奴当婢，盖以有阉割法也。每见人家奴子出入主母卧房，亦殊可虑。

---

〔1〕作者原文所说，虽不无勉强，但大体还说得通。然而评论者纷纷讨论起婢、奴的种种，使这个话题变了味。

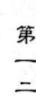

第一二七则

175

【注释】

①婢：女仆。奴：男仆。

②癖：爱好。这里指喜好男色之风习。

③驰骛之流：指奔忙竞走的人。

④滔滔者天下皆是也：语出《论语·微子》："滔滔者天下皆是也，而谁以易之？"形容众多。

【译文】

美酒可以当成清茶进行品尝，清茶却不能代替美酒进行畅饮；诗歌可以当成文章进行阅读，文章却不能代替诗歌进行吟诵；散曲可以当成词进行唱和，词却不能代替散曲进行演绎；皓月可以当成灯火用来照明，灯火却不能当成皓月来普照大地；妙笔可以当成嘴巴进行说话，嘴巴却不能代替妙笔进行作画；婢女可以当成奴仆进行使唤，奴仆却不能代替婢女进行亲近。

【原评译文】

江含徵说：婢女当着男仆就太亲近了，我的耳边恐怕会出现妻子的怒骂声。

周星远说：男仆也有能够代替婢女的地方，只是难免有些逊色。近代的士大夫们往往沉溺于这种癖好之中。我们这些自以为是的文人，为了博取这种虚名，也想效仿和推崇。世间普遍存在这种现象，张潮先生难道就没有看出这其中的端倪吗？

张竹坡说：婢女可以代替男仆，是因为具备做奴仆的共同点。男仆不能够代替婢女，除了具备与婢女的共同点之外，不具备婢女是女人的特殊之处。

弟木山说：大哥在吃饭的时候，恐怕皓月就不可以当成灯火用来照明。

余湘客说：若让男仆代替婢女，那小姐就暂时落后了。

宗子发说：只有帝王之家不担心把男仆当成婢女，因为他们把男性的关键部位阉割了。我时常见到当今富裕家里的男仆随便出入于女主人的卧室，为此也特别担忧。

第一二八则

【原文】

胸中小不平，可以酒消之；世间大不平，非剑不能消也。

【原评】

周星远曰："看剑引杯长"，一切不平皆破除矣。

张竹坡曰：此平世的剑术，非隐娘①辈所知。

张迁庵曰：苍苍者未必肯以太阿②假人，似不能代作空空儿③也。

尤悔庵曰：龙泉太阿，汝知我者④，岂止苏子美以一斗读《汉书》⑤耶！

【注释】

①隐娘：唐传奇中的女侠聂隐娘，剑术高超。

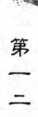

②太阿：古宝剑名，后作宝剑的通称。

③空空儿：传奇中的剑侠，后隐去。后多代指高明的窃贼。

④龙泉太阿，汝知我者：龙泉亦宝剑名，即龙渊。据《南齐书》和《南史》齐湘州刺史王蕴未仕时被人所轻，每抚刀便说："龙泉太阿，汝知我者。"

⑤一斗读《汉书》：宋代诗人苏舜钦，字子美。他曾边读《汉书》边喝酒，读到得意处饮一大杯，一晚饮酒一斗。

【译文】

胸中出现一些愤愤不平，可以用酒进行消除；人世间那些特别的不公平不公正，只有利用手中的利剑去解决。

【原评译文】

周星远说：观看舞剑，举杯畅饮，胸中所有的怨气都可以消除。

张竹坡说：这是斩除人世间不平之事的剑术，不是聂隐娘之辈所能了解的。

张迂庵说：上天未必愿意把太阿宝剑借给他人，好像不可能去代替妙手空空儿一样。

尤悔庵说：龙泉剑和太阿剑，你们是我的知己，我怎么能会像苏子美那样每天喝掉一斗酒后再读《汉书》呢？

第一二九则

【原文】

不得已而诮之者，宁以口，毋以笔；不可耐而骂之者，亦宁以口，毋以笔。

【原评】

孙豹人[1]曰：但恐未必能自主耳。

张竹坡曰：上句立品，下句立德。

张迂庵曰：匪惟立德[2]，亦以免祸。

顾天石曰：今人笔不诮人，更无用笔之处矣。心斋不知此苦，还是唐宋以上人[3]耳！

陆云士曰：古笔铭曰："毫毛茂茂，陷水可脱，陷文不活。"正此谓也。亦有诮以笔而实讥之者，亦有骂以笔而若誉之者，总以不笔为高。

【注释】

①孙豹人：孙枝蔚（1620—1687 年），字叔发。号豹人，一说字豹人，号溉堂，陕西三原人。有《溉堂集》。

②匪惟立德：不仅仅是立德。

③唐宋以上人：指古人。此句犹言不谙世事，不合时宜，含有对现实的不满和讥讽。

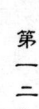

【译文】

迫不得已要奉承别人，宁愿用语言表达出来，也不要用笔写成文字；无法忍耐而要骂人，也宁愿用语言表达出来，不要用笔写成文字。

【原评译文】

孙豹人说：只怕无法主宰自己罢了。

张竹坡说：上一句可视为树立人品，下一句可视为树立德行。

张迂庵说：不仅仅要树立德行，也要避免祸患伤及自己。

顾天石说：当今的人如果不用笔来奉承别人，笔就更加没有用武之处了。张潮先生不知道这种痛苦，他的品质还像唐宋以前的人啊。

陆云士说：古笔铭说："毫毛茂茂，陷水可脱，陷文不活。"指的就是这个。也有用笔写的文章看上去是奉承实际上是讽刺，也有用笔写的文章骂人却好像赞美人一样。总的来说，还是不用笔写为妙。

第一三〇则

【原文】

多情者必好色，而好色者未必尽属多情；红颜者必薄命①，而薄命者未必尽属红颜；能诗者必好酒，而好酒者未必尽属能诗。

【原评】

张竹坡曰：情起于色者，则好色也，非情也；祸起于颜色者，则薄命在红颜否？则亦止曰：命而已矣！

洪秋士曰：世亦有能诗而不好酒者。

【注释】

①红颜：指美貌的女子。薄命：命运不好。旧指美貌女子往往遭遇不好的命运。汤显祖《牡丹亭·诘病》："偏则是红颜薄命，眼见的孤苦仃俜。"

【译文】

多情的人一定爱好女色，而爱好女色的不一定都是多情的人；美丽的女子一定命运不好，而命运不好的不一定都是美丽的女子；诗写得好的人必然喜欢饮酒，而爱喝酒的人不一定都是能写诗的人。

【原评译文】

张竹坡说：情感因女色而生，那就是好色，不能称为多情；祸患因容貌而起，那么命运不好一定是因为美貌引起的吗？如果不是这样，只能归咎于命该如此罢了。

洪秋士说：人世间也有会写诗而不喜欢饮酒的人。

第一三一则

【原文】

梅令人高，兰令人幽，菊令人野，莲令人淡，春海棠令人
艳，牡丹令人豪，蕉与竹令人韵，秋海棠令人媚，松令人逸，
桐令人清，柳令人感。

【原评】

张竹坡曰：美人令众卉皆香，名士令群芳俱舞。

尤谨庸曰：读之惊才绝艳，堪采入《群芳谱》中。

【译文】

看到梅花可以让人想到高洁，看到兰花可以让人想到幽
雅，看到菊花可以让人想到野趣，看到莲花可以让人想到淡
泊，看到春海棠可以让人想到神采飞扬，看到牡丹可以让人想
到荣华富贵，看到芭蕉与翠竹可以让人想到无穷意韵，看到秋
海棠可以让人想到妩媚，看到青松可以让人想到安逸，看到桐
树可以让人想到清峻，看到柳树可以让人感慨万端。

【原评译文】

张竹坡说：美丽的人可以让所有的花卉都散发香气，知人
雅士可以让所有花都轻轻舞动。

尤谨庸说：读起来才华四溢、文辞瑰丽，都可以收入《群

芳谱》中了。

第一三二则

【原文】

物之能感人者，在天莫如月，在乐莫如琴，在动物莫如鹃[①]，在植物莫如柳。

【注释】

①鹃：指杜鹃鸟，相传是古蜀帝杜宇的化身，所以又称杜宇鸟。有"杜鹃啼血"的典故。

【译文】

世间万物中可以让人感动的，天上的是月亮，乐器中的是琴，动物中的是杜鹃，植物中的是柳。

第一三三则

【原文】

妻子颇足累人，羡和靖梅妻鹤子；奴婢亦能供职，喜志和樵婢渔奴[①]。

【原评】

尤悔庵曰：梅妻鹤子，樵婢渔童，可称绝对。人生眷属，得此足矣!

【注释】

①樵婢渔奴:唐朝张志和亲人亡故后不再做官,自号烟波钓徒,著有《玄真子》。唐肃宗赐给他奴婢各一人,张志和将他们配为夫妻,号"渔童""樵青"。

【译文】

最让人牵挂的是妻子和儿女,特别羡慕林和靖把梅当成妻子把鹤当成子女;奴仆婢女也可以做一些事情,很欣赏张志和把婢女"樵青"和奴仆"渔童"配成夫妻。

【原评译文】

尤悔庵说:把梅花当成妻子、白鹤当成子女,把男仆和婢女配成夫妻,可谓是绝妙的一对,人生能有这样的亲属,就可以心满意足了。

第一三四则

【原文】

涉猎虽曰无用,犹胜于不通古今;清高固然可嘉,莫流于不识时务。

【原评】

黄交三曰:南阳抱膝①时,原非清高者可比。

江含徵曰：此是心斋经济语②。

张竹坡曰：不合时宜，则可；不达时务，奚其可？

尤悔庵曰：名言！名言！

【注释】

①南阳抱膝：代指隐居山林的高士。从诸葛亮躬耕南阳的典故而来。

②经济语：有关经世济民的话。

【译文】

随意浏览虽然说没有什么大的用处，但还是胜过对古今之事一点不懂；清高固然值得赞赏，但不能因为清高而不识时务。

【原评译文】

黄交三说：诸葛亮躬耕于南阳，他的行为不是清高之人所能达到的。

江含徵说：这是张潮先生经世济民的言语。

张竹坡说：不符合时代潮流可以理解，不能认识当前势态，那怎么可以？

尤悔庵说：名言，名言！

第一三五则

【原文】

所谓美人者，以花为貌，以鸟为声，以月为神，以柳为态，以玉为骨，以冰雪为肤，以秋水为姿，以诗词为心，吾无间然矣[①]。

【原评】

　　冒辟疆曰：合古今灵秀之气，庶几铸此一人。

　　江含徵曰：还要有松藥之操才好。

　　黄交三曰：论美人而曰"以诗词为心"，真是闻所未闻！

【注释】

　　①吾无间然矣：意谓十全十美，无话可说。《论语·泰伯》："禹，吾无间然矣。"

【译文】

　　世人口中所说的美人，长相像花朵一样漂亮，声音像鸟儿鸣叫一样清脆，精神像月亮的光辉一样清爽，体态像柳枝一样婀娜多姿，骨骼像玉一样紧致，皮肤像冰雪一样洁白，气质像秋水一样优雅，心灵像诗词一样细腻，如果美人具备上述要求，我对她就没有任何可以挑剔的地方了。

【原评译文】

　　冒辟疆说：这样的美人简直把古往今来的灵秀之气聚合于一身，也许可以专门培养出这样一位美人。

　　江含徵说：还要具有松柏一样的节操，这样的话才会更好。

　　黄交三说：用"以诗词为心"这样评论美人，以前从来没有听说过。

第一三六则

【原文】

蝇集人面，蚊嘬人肤，不知以人为何物？

【原评】

陈康畴曰：应是头陀^①转世，意中但求布施也。

释菌人曰：不堪道破！

张竹坡曰：此《南华》^②精髓也。

尤悔庵曰：正以人之血肉，只堪供蝇蚊咀嘬耳。以我视之，人也；自蝇蚊视之，何异腥膻膻臭腐乎！

陆云士曰：集人面者，非蝇而蝇；嘬人肤者，非蚊而蚊。明知其为人也，而集之嘬之，更不知其以人为何物！

【注释】

①头陀：佛教苦行之一，佛教僧人行头陀时，应守衣、食、住三方面的十二项苦行。

②《南华》：《南华真经》的省称，《庄子》的别名。《唐会要·杂记》："天宝元年二月二十日敕文，追赠庄子南华真人。所著书为《南华真经》。"

【译文】

苍蝇喜欢停在人的脸上，蚊子喜欢叮咬人的皮肤，无从知晓它们把人当成什么东西了？

【原评译文】

陈康畴说：它们应该是苦行僧脱胎转世而成，一门心思只想着求取施舍而已。

释菌人说：不能说破。

张竹坡说：这是《南华真经》的真正精髓之处。

尤悔庵说：这是因为人的血肉只能供苍蝇蚊子叮咬。在我们看来这是人，在苍蝇蚊子眼中，与腥膻臭腐没有什么区别。

陆云士说：停在人脸上的，即便不是苍蝇也像苍蝇一样；叮咬人皮肤的，即便不是蚊子也像蚊子一样。就算它们知道它们叮的是人，依然停在人的身体上叮咬人，更不知道它们把人究竟当成什么东西了。

第一三七则

【原文】

有山林隐逸之乐而不知享者，渔樵也、农圃也、缁黄①也；有园亭姬妾之乐而不能享、不善享者，富商也、大僚②也。

【原评】

弟木山曰：有山珍海错而不能享者，庖人③也；有牙签玉轴④而不能读者，蠹鱼⑤也，书贾也。

【注释】

①农圃：农人。缁黄：僧人穿缁服，道士戴黄冠，此处以缁黄代指僧人和道士。

②僚：官吏。《后汉书·孝顺帝纪》："内外群僚，莫不哀之。"

③庖人：厨师。《庄子·逍遥游》："庖人虽不治庖，尸、祝不越樽俎而代之矣。"

④牙签：象牙做的书签。玉轴：玉做的书轴。这里代指图书。

⑤蠹鱼：一种蛀蚀衣物和书籍的小虫。白居易《伤唐衢》诗："今日开箧看，蠹鱼损文字。"

【译文】

生活在山林中享受隐逸的乐趣是人生一大乐事，然而有些人却不懂得享受，他们是打鱼人、砍柴人、农夫、僧人、道士。拥有私人园林和姬妾是人生一大乐事，然而有些人却不知道享受，他们是拥有众多财富的商人和身居高位的官僚。

【原评译文】

弟木山说：面对丰盛的佳肴却不能张口享用的是厨子，面对各种精美的书籍却不能阅读的是蛀虫和书商。

第一三八则

【原文】

黎举云："欲令梅聘海棠，枨子（想是橙）臣樱桃，以芥嫁笋，但时不同耳！"予谓物各有偶，拟必于伦。今之嫁娶，殊觉未当。如梅之为物，品最清高；棠之为物，姿极妖艳。即使同时，亦不可为夫妇。不若梅聘梨花，海棠嫁杏，橼臣佛手，荔枝臣樱桃，秋海棠嫁雁来红，庶几相称耳。至若以芥嫁笋，笋如有知，必受河东狮子之累矣。

【原评】

弟木山曰：余尝以芍药为牡丹后，因作贺表一通。兄曾云："但恐芍药未必肯耳！"

石天外曰：花神有知，当以花果数升谢蹇修[1]矣。

姜学在[2]曰：雁来红做新郎，真个是老少年[3]也。

【注释】

①蹇修：伏羲之臣。后人称媒人为蹇修。

②姜学在：姜实节（1647—1709 年），字学在，号鹤涧，山东莱阳人，居吴中（今江苏苏州）。有孝行，笃友谊。明礼科给事中，入清隐遁，不入城市，布衣终老。

③老少年：雁来红的别名，又名后庭花。

【译文】

　　黎举说："想让梅花迎娶海棠为妻子，让枨子（应该是橙子）听命于樱桃，让芥菜嫁给竹笋，问题是它们各自生长在不同的季节，不可能实现这个想法。"我说这些植物都有自己的配偶，撮合它们一定要符合常理。现在这样安排的嫁娶方法，非常不合理。比如说，梅花的品格在植物中最为清高，海棠在植物中最为妖艳，即便它们在同一个季节开放，也不可能成为夫妇。还不如让梅花娶梨花为妻子，让海棠嫁给杏花，香橼听命于佛手，荔枝听命于樱桃，秋海棠许配给雁来红，如果这样的话，基本就相配了。至于把芥菜嫁给竹笋，竹笋如果要是有知觉的话，必然会感受到泼辣妻子的欺负。

【原评译文】

　　弟木山说：我曾经把芍药视为牡丹的皇后，为此还专门写了一篇贺词。兄长曾说："只怕芍药不会答应啊。"

　　石天外说：花神如果要是有知觉的话，一定会用数升花果来酬谢媒人了。

　　姜学在说：雁来红当新郎，真的是老少年啊。

第一三九则

【原文】

　　五色有太过，有不及，惟黑与白无太过。

【原评】

杜茶村①曰：君独不闻唐有李太白乎？

江含徵曰：又不闻"玄之又玄"乎？

尤悔庵曰：知此道者，其惟弈乎！老子曰："知其白，守其黑②。"

【注释】

①杜茶村：杜濬（1611—1687 年），原名诏先，字于皇，号茶村，湖北黄冈人。著有《茶村诗》《变雅堂文集》等。

②知其白，守其黑：语出老子《道德经·第二十八章》："知其白，守其黑，为天下式。"

【译文】

五色有超出标准之处，也有不足之处，只有黑色与白色最为标准。

【原评译文】

杜茶村说：张潮先生难道您没听说过唐朝有位叫李白的人吗？

江含徵说：也没听说过"道的微妙无形"吗？

尤悔庵说：明白这样道理的，唯有下棋吧？老子说："自己一定要明白是非对错，而外表要装成愚钝。"

第一四〇则

【原文】

许氏《说文》①分部，有止有其部，而无所属之字者，下必注云："凡某之属，皆从某。"赘句②殊觉可笑，何不省此一句乎？

【原评】

谭公子曰：此独民县③到任告示耳。

王司直曰：此亦古史之遗。

【注释】

①《说文》：指东汉许慎著《说文解字》，是我国第一部系统分析字形和考究字源的字书，也是世界上最古的字书之一。

②赘句：累赘多余的句子。

③独民县：只有一个治下之民的县。明末冯梦龙在《桂枝儿·谑部·山人》中的评论中曾讲一个独民县的笑话。

【译文】

许慎的《说文解字》按照部首划分，却遇到只有部首而没有相对应的字，下面一定注释说："凡某之属，皆从某。"这种多余的话语觉得非常可笑，为什么不直接省去这一句话呢？

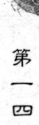

【原评译文】

谭公子说：这就像独民县县令到任时贴出的告示。

王司直说：这也是古代历史留下的遗迹。

第一四一则

【原文】

阅《水浒传》，至鲁达打镇关西、武松打虎，因思人生必有一桩极快意事，方不枉在生一场。即不能有其事，亦须著得一种得意之书，庶几无憾耳（如李太白有贵妃捧砚①事，司马相如有文君当垆②事，严子陵有足加帝腹③事，王之涣、王昌龄有旗亭画壁④事，王子安⑤有顺风过江作《滕王阁序》事之类）。

【原评】

张竹坡曰：此等事，必须无意中方做得来。

陆云士曰：心斋所著得意之书颇多，不止一打快活林、一打景阳冈称快意矣。

弟木山曰：兄若打中山狼⑥，更极快意。

【注释】

①贵妃捧砚：史传李白醉酒后奉旨作诗，向唐玄宗要求让杨贵妃为他捧砚，高力士为他脱靴。

②文君当垆：司马相如和卓文君私奔后，生活困顿，相如"买一酒舍酤酒，而令文君当垆"。事见《史记·司马相如列传》。

③足加帝腹：《后汉书·逸民传》记：汉光武帝刘秀与严子陵叙旧，"因共偃卧，光以足加帝腹上"。光：即严光，字子陵，东汉隐士。

④旗亭画壁：薛用弱《集异记》记有唐代诗人王之涣、王昌龄和高适在旗亭饮酒，唤歌伎唱诗，每当唱到自己的诗作，便画壁记之的逸事。

⑤王子安：即唐代诗人王勃，字子安。王到交趾省亲，夜梦水神告之将"助风一帆"，到南昌后，遇洪州刺史阎伯屿宴庆滕王阁的重修，王遂写成千古名篇《滕王阁序》。

⑥中山狼：原为寓言《东郭先生》中忘恩负义的狼，后以其比喻忘恩负义的人。

【译文】

阅读《水浒传》时，看到鲁智深拳打镇关西、武松打虎，因而想到人生一定要有一次大快人心的事情，才不枉在世上活一回。即便无法遇到这种大快人心的事情，那也必须写出一部自认为非常满意的著作，这样的话人生就不会留下遗憾（就像李白曾让杨贵妃为他磨墨，司马相如让卓文君心甘情愿为他当垆卖酒，严子陵把自己的脚压在皇帝的肚子上，王之涣、王昌龄在旗亭的墙壁上题诗作画，王勃在探望父亲的途中写出了《滕王阁序》，这些都是人生中的快意之事）。

【原评译文】

张竹坡说：这样的事情，不是在刻意去做的情况下，才能做得出来。

陆云士说：张潮先生所著的满意的书很多，不仅仅像一打快活林、一打景阳冈才能称得上人生中的快意之事。

弟木山说：兄长如果能够痛打山中的狼，更是一件非常快意的事情。

第一四二则

【原文】

春风如酒，夏风如茗，秋风如烟，如姜芥①。

【原评】

许筠庵②曰：所以秋风客③气味狠辣。

张竹坡曰：安得东风夜夜来！

【注释】

①姜芥：生姜，芥末。皆为味辛辣的调料。

②许筠庵：许承宣（？—1685），字力臣，号筠庵，江都（今江苏扬州）人。许承家之兄。著有《金台集》《宿影亭稿》等。

③秋风客：干谒者求人资助，称为打秋风或秋风，秋风客即指此种以求取资助或饮宴为目的的干谒者。

【译文】

春风像酒，浓醇醉人。夏风像茗，清香宜人。秋风像烟，浓烈呛人，如姜芥，让人感到刺激。

许筠庵说：所以说那些寻求帮助的人脸色一点也不好看，反而还有些凶狠。

张竹坡说：怎样才能让东风夜夜吹过来呢？

第一四三则

【原文】

冰裂纹①极雅，然宜细，不宜肥。若以之作窗栏，殊不耐观也（冰裂纹须分大小，先作大冰裂，再于每大块之中作小冰裂，方佳）。

【原评】

江含徵曰：此便是哥窑纹也。

靳熊封②曰："一片冰心在玉壶"，可以移赠。

【注释】

①冰裂纹：亦称开片，陶瓷釉面裂纹。冰裂纹、鱼子纹、蟹爪纹等都是制瓷工艺中的缺陷，而被用来作为装饰。

②靳熊封：靳治荆，字熊封，号书樵、雁堂等，清汉军镶黄旗人。曾任歙县知县，著有《思旧录》。

【译文】

图案中的冰裂纹极其雅观，但是纹理宜小不宜大。如果用这种瓷器做窗户的栏杆，那就不好看了（冰裂纹有大小之分，先造大的冰裂纹，然后在每块大的冰裂纹中造出小的冰裂纹，这样才是最好看的）。

【原评译文】

江含徵说：冰裂纹就是宋代著名的哥窑纹。

靳熊封说："一片冰心在玉壶"这句诗，可以转赠给能欣赏高雅艺术的人。

第一四四则

【原文】

鸟声之最佳者，画眉第一，黄鹂、百舌①次之。然黄鹂、百舌，世未有笼而畜之者，其殆高士之俦②，可闻而不可屈者耶？

【原评】

江含徵曰：又有"打起黄莺儿"者，然则亦有时用他不着。

陆云士曰："黄鹂住久浑相识，欲别频啼四五声③"，来去有情，正不必笼而畜之也。

【注释】

①百舌：又名反舌鸟，全身黑色，嘴黄色。鸣声嘹亮，因鸣叫时

能反复其舌以随百鸟之音，故称"百舌"。立春后鸣啭不已，夏至后就不再叫了。百舌不能蓄养，如果关起来，入冬即死。

②高士之俦：与高人隐士同类。俦，同类，伴侣。

③黄鹂住久浑相识，欲别频啼四五声：唐戎昱《移家别湖上亭》诗："好是春风湖上亭，柳条藤蔓系离情。黄莺住久浑相识，欲别频啼四五声。"浑，简直，如同。黄莺即黄鹂，鸣叫的声音婉转动听。

【译文】

画眉鸟的鸣叫声在鸟类中最为动听，其次是黄鹂鸟、百舌鸟。但是没有看到有人把黄鹂鸟、百舌鸟关在笼子里进行饲养，它们大概属于鸟类中高洁的隐士，只能让人听到它们鸣叫的声音，而不愿屈服于人的吧。

【原评译文】

江含徵说：可是诗中又有"打起黄莺儿"的人，可见黄鹂也有不受人待见的时候。

陆云士说：有诗说"黄鹂住久浑相识，欲别频啼四五声"，无论相处还是分离都表现出特有的情感，这正是不用笼子关起来饲养的主要原因。

第一四五则

【原文】

不治生产①，其后必致累人；专务交游②，其后必致累己。

【原评】

杨圣藻曰：晨钟夕磬③，发人深省。

冒巢民④曰：若在我，虽累己累人，亦所不悔。

宗子发曰：累己犹可，若累人则不可矣。

江含徵曰：今之人未必肯受你累，还是自家隐⑤些的好。

【注释】

①生产：生计和产业，谋生之业。

②交游：游山玩水，结交朋友。

③磬：佛教的打击乐器，形状像钵，用铜制成。

④冒巢民：冒襄（1611—1693 年），字辟疆，号朴巢、巢民等。
江苏如皋人。著作有《巢民诗集》《巢民文集》《影梅庵忆语》等。

⑤隐：凭倚。引申为安定之意。

【译文】

不从事劳动生产，为自己创造基本的生存条件，以后一定
会拖累他人；只知道到处游荡，随便交朋友，以后必然会连累
自己。

【原评译文】

杨圣藻说：这句话像寺院里早晨的钟声与傍晚的磬音一
样，令人深思与反省。

冒巢民说：对我而言，即便是拖累自己，或使他人受到伤
害，也不为此而后悔。

宗子发说：让自己受到拖累可以理解，如果拖累到别人就

不行了。

江含徵说：当今的人不一定愿意被你拖累，自己还是低调些、稳住些比较好。

第一四六则

【原文】

昔人云："妇人识字，多致诲淫。"予谓此非识字之过也。盖识字则非无闻之人，其淫也，人易得而知耳。

【原评】

张竹坡曰：此名士持身不可不加谨也。

李若金曰：贞者识字愈贞，淫者不识字亦淫。

【译文】

从前有人说："女人能够识文断字，贞操就不容易守住。"我认为这不是识文断字的过错。因为可以识文断字就不是一般的普通人，这样的人如果做出淫乱之事，是大家很容易就知道罢了。

【原评译文】

张竹坡说：这就是名士修身必须严于律己的缘故。

李若金说：贞洁的人识文断字后会变得更加贞洁，淫乱的人该淫乱还照样淫乱，与认不认识字没有关系。

第一四七则

【原文】

善读书者，无之而非书：山水亦书也，棋酒亦书也，花月亦书也；善游山水者，无之而非山水：书史^①亦山水也，诗酒亦山水也，花月亦山水也。

【原评】

陈鹤山曰：此方是真善读书人，善游山水人。

黄交三曰：善于领会者，当作如是观。

江含徵曰：五更卧被时，有无数山水书籍在眼前胸中。

尤悔庵曰：山耶，水耶，书耶，一而二，二而三，三而一者也。

陆云士曰：妙舌如环，真慧业文人^②之语。

【注释】

①书史：经史之类的典籍，泛指书籍。

②慧业文人：指有文学天才、与文字结缘的人。出自《宋书·谢灵运传》："太守孟顗事佛精恳，而为灵运所轻。尝谓顗曰：'得道应须慧业文人。生天当在灵运前，成佛必在灵运后。'顗深恨此言。"

【译文】

善于读书的人，就能在书中发现乐趣，任何一本书都是百读不厌的好书：山水也是书，棋酒也是书，花月也是书；善于游山玩水的人，就能在山水中发现乐趣，任何一片山水都能流连忘返：经史之类的典籍也是山水，诗酒也是山水，花月也是山水。

【原评译文】

陈鹤山说：这才是真正善于读书的人，善于游览山水的人。

黄交三说：善于对事物有所体会和感悟的人，应该像这样看待书与山水。

江含徵说：五更天睡到被窝里时，数不清的山水在眼前，数不清的书籍在胸中呈现。

尤悔庵说：山啊，水啊，书啊，一而二，二而三，三者的本质是一样的。

陆云士说：言辞非常巧妙，真是与文字结下不解之缘又会写出精妙文章的人才能说出的话。

第一四八则

【原文】

园亭之妙，在丘壑布置①，不在雕绘琐屑②。往往见人家园亭，屋脊墙头，雕砖镂瓦，非不穷极工巧，然未久即坏，坏后极难修葺。是何如朴素之为佳乎？

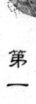

【原评】

江含徵曰：世间最令人神恰者，莫如名园雅墅，一经颓
废，风台月榭，埋没荆棘。故昔之贤达，有不欲置别业者。予
尝过琴虞，留题名园句有云："而今绮砌雕阑在，剩与园丁作
业钱。"盖伤之也。

弟木山曰：予尝悟作园亭与作光棍③二法。园亭之善在多
回廊；光棍之恶在能结讼。

【注释】

①丘壑布置：构思安排。

②雕绘琐屑：在那些细小的地方雕镂和彩绘图案。

③光棍：无赖。

【译文】

园林的妙处，在于别具匠心的布置安排，而不在于对细小
部分的精细雕琢上。每当看见别人家修建的园子时，对屋脊墙
头进行雕砖镂瓦，做工极为精巧别致，可惜的是这些经过精雕
细琢的物件，没过多长时间就会因风雨侵蚀而毁坏，毁坏之后
再想恢复到原来的模样就很难了。所以，这些地方朴素一些要
比精雕细琢好。

【原评译文】

江含徵说：人世间最让人伤感的事，莫过于著名的园林别
墅，一旦倾倒荒废，昔日那些避风赏月的亭台轩榭就埋没于野
草荆棘中。所以，过去那些贤达的人，很多都不愿意修筑园林

别墅。我曾经过常熟，在一个破落的名园看到一句题字："而今绮砌雕阑在，剩与园丁作业钱。"着实让人感伤啊。

弟木山说：我曾围绕建造园林亭台与当无赖之徒，有两个感悟：园林亭台妙就妙在有众多曲折迂回的长廊，无赖之徒可恨的地方在于使用刁滑顽劣的手段与人结怨。

第一四九则

【原文】

清宵①独坐，邀月②言愁；良夜孤眠，呼蛩③语恨。

【原评】

袁士旦曰：令我百端交集。

黄孔植曰：此逆旅无聊之况，心斋亦知之乎？

【注释】

①清宵：清静的夜晚。

②邀月：从唐李白《月下独酌》中的诗句"举杯邀明月，对影成三人"而来。

③蛩：蟋蟀。

【译文】

幽静凄凉的夜晚，一个人独坐，只好向天上的明月倾诉我内心的忧伤；美好的夜晚孤枕难眠，一人僵卧在床上，只好叫来蟋蟀充当听众，向它诉说我眼前的孤独和内心的怨恨。

【原评译文】

袁士旦说：真是让我感慨万千。

黄孔植说：这种描绘旅居在客店中的无聊境况，张潮先生也知道吗？

第一五〇则

【原文】

官声①采于舆论，豪右②之口与寒乞③之口俱不得其真；花案④定于成心，艳媚之评与寝陋⑤之评概恐失其实。

【原评】

黄九烟曰：先师⑥有言："不如乡人之善者好之；其不善者恶之。"

李若金曰：豪右而不讲分上，寒乞而不望推恩者，亦未尝无公论。

倪永清曰：我谓众人唾骂者，其人必有可观。

【注释】

①官声：做官之人的声誉。

②豪右：豪门望族，大富之家。古代以右为尊，因此将豪门望族称为右姓。

③寒乞：极其贫困潦倒的人。

④花案：此处指当时的文人评定优伶、妓女名次的排行榜。

⑤寝陋：丑陋。寝，容貌丑恶。

⑥先师：即孔子。

【译文】

官员的声誉来自公众的评论，从豪门望族和贫贱的百姓口中得到的话，都是不可以采信的；桃色事件的形成往往在于成见，而艳丽妖媚和丑陋的说法，恐怕不是事情的真相。

【原评译文】

黄九烟说：先师孔子说过："应该是一乡之中的好人都喜欢他，那些不善良的人都厌恶他。"

李若金说：出身豪门贵族却不讲情面的人，身为贫寒乞丐却不指望得到好处的人，他们口中说出的话，不可能没有公正的言论。

倪永清说：我认为被大家唾弃辱骂的人，必然有其可以欣赏的地方。

第一五一则

【原文】

胸藏丘壑，城市不异山林；兴寄烟霞，阎浮①有如蓬岛。

【注释】

①阎浮：须弥山四方的四洲之一。泛指人间世界。

【译文】

只要胸怀宽广得能藏得住山林丘壑，即便生活在城中的闹市里也如同在山林中一样；只要把兴趣和喜好寄托于烟霞云雾之中，即便身处尘世也恍然觉得身居蓬莱仙境一样。

第一五二则

【原文】

梧桐为植物中清品，而形家①独忌之，甚且谓"梧桐大如斗，主人往外走"，若竟视为不祥之物也者。夫剪桐封弟②，其为宫中之桐可知；而卜世③最久者，莫过于周。俗言之不足据，类如此夫！

【原评】

江含徵曰：爱碧梧者，遂艰于白锧④。造物盖忌之，故靳⑤之也。有何吉凶休咎之可关？只是打秋风时光棍样可厌耳！

尤悔庵曰："梧桐生矣，于彼朝阳"，诗言之矣。

倪永清曰：心斋为梧桐雪千古之奇冤，百卉俱当九顿。

【注释】

①形家：即堪舆家，又称阴阳师、风水先生。

②剪桐封弟：《史记·晋世家》记载，春秋时期，成王与年幼的弟弟游戏，把桐叶削成圭的样子封给弟弟，后来真的封了疆土给弟弟。

③卜世：本指用占卜的方式预测国家传承政权的世数，这里指其实际传承的世数。

④白镪：亦作"白锵"，指白银。

⑤靳：吝惜，不肯给予。

【译文】

梧桐树是植物中清纯高贵的品种，而那些以外形衡量它的人就特别看不起它，甚至说出"梧桐大如斗，主人往外走"的话，竟然把它当成是不祥之物。历史上周成王剪桐叶封弟的典故，足以说明梧桐也是宫中的高贵之物。周朝是历史上最长的朝代，以后的各个王朝没有一个能超越它的。世俗之言大多不能轻信，就像有些人对梧桐树的看法一样。

【原评译文】

江含徵说：喜欢梧桐树的人口袋里缺少维持生计的白银，可能是造物主妒忌他，所以才对他这么吝惜，这与祸福吉凶有何关系呢？只是秋风吹来，梧桐树像光棍汉一样在风中瑟瑟发抖的样子，才令人讨厌。

尤悔庵说："高冈上面生梧桐，面向东方迎朝阳。"《诗经》中是这样说的。

倪永清说：张潮先生为梧桐树洗清了千百年来的冤屈，其他花卉植物都应该向张潮先生行九叩首的大礼啊。

第一五三则

【原文】

多情者不以生死易心，好饮者不以寒暑改量，喜读书者不以忙闲作辍。

【原评】

朱其恭曰：此三言者，皆是心斋自为写照。

王司直曰：我愿饮酒、读《离骚》，至死方辍，何如？

【译文】

多情的人不会因生死而改变自己内心的想法，喜欢喝酒的人不会因季节变化而改变自己的酒量，爱好读书的人不会因忙碌或清闲而坚持或中断读书。

【原评译文】

朱其恭说：这三句话，均是张潮先生自己的写照。

王司直说：我情愿一边喝酒、一边阅读《离骚》，不死就不停下来，怎么样？

第一五四则

【原文】

蛛为蝶之敌国①，驴为马之附庸②。

【原评】

周星远曰：妙论解颐③，不数晋人危语隐语④。

黄交三曰：自开辟以来，未闻有此奇论。

【注释】

①敌国：实力、地位相当的国家，这里指势均力敌的事物。

②附庸：这里指附属之物。

③解颐：令人发笑。颐，下巴。

④不数：不亚于。危语：新奇、诡异、使人害怕的话语。隐语：谜语。

【译文】

蜘蛛是蝴蝶的天敌，驴子是马的从属。

【原评译文】

周星远说：言论奇妙得让人发笑，不啻晋代人说的危语和谜语。

黄交三说：自开天辟地以来，从来就没有听到过如此奇异的说法。

第一五五则

【原文】

立品，须发乎宋人之道学^①；涉世，须参以晋代之风流^②。

【原评】

方宝臣曰：真道学未有不风流者。

张竹坡曰：夫子自道也。

胡静夫曰：予赠金陵前辈赵容庵句云："文章鼎立庄骚外，杖履风流晋宋间。"今当移赠山老。

倪永清曰：等闲地位，却是个双料圣人。

陆云士曰：有不风流之道学，有风流之道学；有不道学风流，有道学之风流，毫厘千里。

【注释】

①立品：树立品性德行。道学：即理学，是以讨论理气、心性等问题为中心的哲学思潮。宋人之道学：就是程朱理学，以程颢、程颐、朱熹为代表，以理为最高范畴，这一学派认为万事万物都是理所派生的。

②涉世：经历世事，与人交往。风流：风度，标格。后来指具有真才实学而又不拘泥于世俗的礼法。晋代之风流：晋代的大夫们崇尚清谈，志尚脱俗，后世称为魏晋风流。

【译文】

　　树立人品，应该学习宋朝人的理学精髓；立身处世，应该参照晋人的风流洒脱。

【原评译文】

　　方宝臣说：真正的道学家没有不旷达洒脱的。

　　张竹坡说：这是张潮先生在说自己。

　　胡静夫说：我在赠送给金陵前辈赵容庵的诗里说："文章鼎立庄骚外，杖履风流晋宋间。"现在应该拿来送给张潮先生。

　　倪永清说：寻常的地位，却是两边的圣人。

　　陆云士说：有不潇洒旷达的道学家，有潇洒旷达的道学家；有不严谨端正的名士，有严谨端正的名士，因为细微的差别而大不相同。

第一五六则

【原文】

　　古谓禽兽亦知人伦^①。予谓匪独禽兽也，即草木亦复有之。牡丹为王^②，芍药为相^③，其君臣也；南山之乔，北山之梓^④，其父子也。荆之闻分而枯，闻不分而活，其兄弟也；莲之并蒂^⑤，其夫妇也；兰之同心^⑥，其朋友也。

【原评】

江含徵曰：纲常伦理，今日几于扫地，合向花木鸟兽中求之。又曰：心斋不喜迂腐，此却有腐气。

【注释】

①人伦：指人与人之间尊卑长幼的关系，如下面所说的君臣、父子、兄弟、夫妇、朋友这五伦。

②牡丹为王：牡丹又名花王、国色天香、富贵花等，被誉为百花之王，是富贵吉祥的象征。

③芍药为相：芍药与牡丹都是芍药属，花叶相似，牡丹又名木芍药。芍药又名可离、将离、婪尾春、殿春等，它的花朵又大又美，色彩鲜艳、香气浓郁，堪与牡丹相媲美，被称为"花相"。

④南山之乔，北山之梓：《尚书大传·梓材》载：伯禽与康叔被周公责打之后去拜访贤士商子，商子要他们去看南山阳面的乔，去看南山阴面的梓。他们看到"乔实高高然而上""梓实晋晋然（俯伏、恭敬的样子）而俯"，便告诉商子，商子听后说道："乔者，父道也；梓者，子道也。"伯禽与康叔两人以此礼去拜见其父周公，得到了周公的慈爱。儒家认为父权不可侵犯，儿子应该要卑躬屈节，像梓一样。后来便称父子为乔梓。

⑤并蒂：两朵花共长在一个花蒂上，称为并蒂，如并蒂莲、并蒂兰等，并蒂常用来比喻夫妻恩爱。

⑥兰之同心：出自《周易·系辞上》："二人同心，其利断金。同心之言，其臭如兰。"后来就把情投意合的朋友称为金兰之交或兰交。

【译文】

古人认为禽类和兽类也懂得人类的伦理道德。我认为不单是禽类和兽类，草木同样懂得人类的伦理道德。牡丹是百花之王，芍药是花中丞相，这是君臣关系。南山的乔木，北山的梓木，这是父子关系。荆棘分开就枯萎，不分开就存活，这是兄弟关系。莲花并蒂开放，这是夫妇关系。兰花意气相投，这是朋友关系。

【原评译文】

江含徵说：三纲五常、伦理道德，现在几乎都被破坏无遗，只能向花木禽鸟兽类中探求。又说：张潮先生不喜欢迂腐的言论，这一则却显得有些迂腐之气。

第一五七则

【原文】

豪杰易于圣贤，文人多于才子。

【原评】

张竹坡曰：豪杰①不能为圣贤，圣贤未有不豪杰。文人才子亦然。

【注释】

①豪杰：才智出众的人。

【译文】

做世间的英雄豪杰比当圣贤容易，文人的数量比才子多。

【原评译文】

张竹坡说：才智出众之人无法成为圣人和贤人，但圣人和贤人却都是世间才智出众之人。文人和才子之间也是这样的。

第一五八则

【原文】

牛与马，一仕而一隐也①；鹿与豕，一仙而一凡也。

【原评】

杜茶村曰：田单之火牛②，亦曾效力疆场；至马之隐者，则绝无之矣。若武王归马于华山之阳③，所谓"勒令致仕④"者也。

张竹坡曰："莫与儿孙作马牛"，盖为后人审出处语也。

【注释】

①仕：做官。隐：隐居。

②田单之火牛：田单为战国时齐国人，据《史记·田单列传》记载，他曾用火牛阵大破燕军。

③武王归马于华山之阳：《尚书·武成》记载，武王克商后，"乃偃武修文，归马于华山之阳，放牛于桃林之野，示天下弗服"。

④致仕：旧时指辞官退休。

【译文】

牛和马，牛就像官吏一样，马就像隐士一样；鹿与猪，鹿就像神仙一样，猪就像凡人一样。

【原评译文】

杜茶村说：田单火牛阵中的牛也曾经在战场上效劳；而马中的隐士，绝对没有经历过这样的事情。如果周武王把马匹放归于华山之南，就是所谓的勒令辞官了。

张竹坡说：谚语说："莫与儿孙作马牛"，大概就是替后人考虑了出仕和隐退的言语。

第一五九则

【原文】

古今至文，皆血泪所成。

【原评】

吴晴岩曰：山老《清泪痕》①一书，细看皆是血泪。

江含徵曰：古今恶文，亦纯是血。

【注释】

①《清泪痕》：张潮所作组诗五十首。据陈鼎《心斋居士传》："其少妇死，作《清泪痕》五十律以哀之，属而和者能国。"张潮

《曼殊别志书传跋》亦称："予亦复有长恨，间为诗五十首，名《清泪痕》，同人皆有赠挽诗歌。今读此，不觉触予旧恨也。"

【译文】

从古至今可以称得上好的文章，都是用作者的血与泪写成的。

【原评译文】

吴晴岩说：张潮先生的《清泪痕》一书，仔细看也是作者用血泪写出来的。

江含徵说：从古至今的坏文章，也都是血写成的。

第一六〇则

【原文】

"情"之一字，所以维持世界；"才"之一字，所以粉饰乾坤。

【原评】

吴雨若曰：世界原从情字生出，有夫妇，然后有父子；有父子，然后有兄弟；有兄弟，然后有朋友；有朋友，然后有君臣。

释中洲曰：情与才缺一不可。

【译文】

"情"这一个字，是用来维持世界运转的基本因素；"才"

这一个字，是用来将世间装饰得更美好的基本因素。

【原评译文】

吴雨若说：世界本来就是从"情"字中产生出来的。人类两性之间产生情感才能出现夫妻，有了夫妻才会出现父子；有了父子，然后才能出现兄弟；有了兄弟，然后才能出现朋友；有了朋友，然后才能出现帝王和臣子。

释中洲说："情"与"才"缺少哪一个都不行。

第一六一则

【原文】

孔子生于东鲁①，东者生方，故礼乐文章②，其道皆自无而有。释迦③生于西方，西者死地，故受想行识，其教皆自有而无。

【原评】

吴街南曰：佛游东土，佛入生方；人望西天，岂知是寻死地？呜呼，西方之人兮，之死靡他④！

殷日戒曰：孔子只勉人生时用功，佛氏只教人死时作主，各自一意。

倪永清曰：盘古生于天心，故其人在不有不无之间。

【注释】

①东鲁：孔子（前551—前479年）是春秋鲁国陬邑（今山东曲

阜）人。鲁国在中国的东部，故称东鲁。

②礼乐文章：指儒家关于礼乐等方面的制度。

③释迦：即释迦牟尼（约前 563—前 483 年），佛教创始者。原是古代中印度北部迦毗罗卫国净饭王的儿子，后修道成佛陀。

④之死靡他：本作"之死靡它"，出自《诗经·鄘风·柏舟》，意思是至死不变心，形容爱情专一，也形容立场坚定。之，到。靡，没有。

【译文】

孔子出生在东方的鲁地，东方是生命诞生的方向，所以儒家学说中有关于礼仪行为的言论，它们的道德传统秉承从无到有。佛祖释迦牟尼出生在西方，西方是象征死亡之地，所以佛教中有关于觉悟、思想、行为、意识的言论，它们的教义宣扬从有到无。

【原评译文】

吴街南说：佛法传入东方，是佛教进入具有蓬勃生命力的地方；普通人向往西天极乐世界，他们哪里知道其实那是在自寻死路。哎呀，那些向往西天的人，我对他们无知的看法至死不变。

殷日戒说：孔子只是勉励世人活着的时候要建功立业，佛教只教人们为死后做主，二者的主张各有不同，各自表达不同的意思。

倪永清说：盘古出生在天的中心，所以他是一位生活在存在与非存在之间的人。

第一六二则

【原文】

有青山方有绿水，水惟借色于山；有美酒便有佳诗，诗亦乞灵①于酒。

【原评】

李圣许曰：有青山绿水，乃可酌美酒而咏佳诗，是诗酒又发端于山水也。

【注释】

①乞灵：向神佛求助（迷信），比喻乞求不可靠的帮助。这里是指寻求灵感。

【译文】

有青山出现的地方才会出现绿水，水必须傍依着青山的色彩才能显得更加清秀迷人；有美酒助兴才可以写出绝妙的好诗，写诗必须依靠美酒的助兴才能够获得灵感。

【原评译文】

李圣许说：有了青山绿水，才能饮美酒写好诗，所以诗和酒又源于青山绿水。

第一六三则

【原文】

严君平①，以卜讲学者也；孙思邈②，以医讲学者也；诸葛武侯③，以出师讲学者也。

【原评】

殷日戒曰：心斋殆又以《幽梦影》讲学者耶！

戴田友④曰：如此讲学，才可称道学先生。

【注释】

①严君平：西汉隐士，名遵。成帝时，在成都卜筮，日得百钱即闭门讲授《老子》，著书十余万言，一生不愿为官，至死都以卜筮为业。《汉书》称他是"近古之逸民"。

②孙思邈（约581—682年）：唐京兆华原（今陕西铜川市耀州区）人，著名的医师与道士，是中国乃至世界史上伟大的医学家和药物学家，他毕生从事医学实践和研究，医术高超，著有《千金要方》《千金翼方》等。后世尊称他为"药王"。

③诸葛武侯：诸葛亮（181—234年），字孔明，三国时期蜀汉丞相，杰出的政治家、军事家、发明家、文学家。封武乡侯，故世称武侯。其事迹见《三国志·诸葛亮传》。

④戴田友：戴名世（1653—1713年），字田有，号南山等。安徽桐城人。著有《南山集》《古史诗针》。

【译文】

西汉有个隐士叫严君平，这个人平时靠卜筮来来阐述自己的理论；孙思邈，依靠行医来阐述自己的理论；屋后诸葛亮，依靠用兵来阐述自己的理论。

【原评译文】

殷日戒说：张潮先生应该是以《幽梦影》来阐述自己的理论吧！

戴田友说：像这样阐述自己的理论，才能称得上学问高深的先生。

第一六四则

【原文】

人则女美于男，禽则雄华于雌，兽则牝牡无分者也。

【原评】

杜于皇[①]曰：人亦有男美于女者，此尚非确论。

徐松之[②]曰：此是茶村兴到之言，亦非定论。

【注释】

①杜于皇：杜濬（1611—1687 年），字于皇，号茶村，湖北黄冈人，后移居金陵。著有《茶村诗》《变雅堂文集》等。

②徐松之：徐崧，字松之，号臞庵，吴江（今属江苏）人。

【译文】

　　人类中女性的容貌要美于男子，鸟类中雄鸟要比雌鸟长得漂亮，兽类中雌雄的长相基本没多少差别。

【原评译文】

　　杜于皇说：人类也有男性比女性长相漂亮的，这一言论不太严谨。

　　徐松之说：这些言论是茶余饭后的谈资，并不是非常确切的论断。

第一六五则

【原文】

　　镜不幸而遇嫫母①，砚不幸而遇俗子，剑不幸而遇庸将，皆无可奈何之事。

【原评】

　　杨圣藻曰：凡不幸者，皆可以此概之。

　　闵宾连曰：心斋案头无一佳砚，然诗文绝无一点尘俗气，此又砚之大幸也。

　　曹冲谷②曰：最无可奈何者，佳人定随痴汉。

【注释】

　　①嫫母：古代传说中的丑妇，泛指丑陋的女性。据说嫫母是黄帝

的妃子，貌丑而有德才。

②曹冲谷：曹铨，字冲谷，丰润（今属河北）人。官理藩院知事。有《雪窗诗集》。

【译文】

镜子的不幸，就是遇上相貌丑陋如同嫫母的女人；砚台的不幸，就是遇上不懂文墨的凡夫俗子；宝剑的不幸，就是遇上平庸的将领，这些都是无可奈何的事情。

【原评译文】

杨圣藻说：大凡不幸的人都可以用这种方法进行概括。

闵宾连说：张潮先生的书桌上就没有一方质地优良的好砚台，但是他写出的诗歌和文章，丝毫没有一点尘世庸俗之气，这就是普通砚台的一大幸运之事。

曹冲谷说：世间最让人无奈的事，就是长相漂亮的女人往往嫁给愚蠢痴呆的男人。

第一六六则

【原文】

天下无书则已，有则必当读；无酒则已，有则必当饮；无名山则已，有则必当游；无花月则已，有则必当赏玩；无才子佳人则已，有则必当爱慕怜惜。

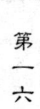

【原评】

弟木山曰：谈何容易，即吾家黄山①，几能得一到耶？

【注释】

①吾家黄山：张潮是歙县（今属安徽）人。歙县位于黄山南麓，可以说他的家就在黄山附近。由本条评语看，张氏兄弟此时仍未游过黄山。

【译文】

天底下假如没有书也就算了，既然有就一定要阅读；假如没有酒也就算了，既然有就一定要痛快畅饮；假如没有名山大川也就算了，既然有就一定要去游览；假如没有鲜花明月也就算了，既然有就一定要欣赏和品玩；假如没有才子佳人也就算了，既然有就一定要爱慕和怜惜。

【原评译文】

弟木山说：哪有说得这么简单，就连咱们家乡的黄山，咱们什么时候才能有机会去那里游玩呢？

第一六七则

【原文】

秋虫春鸟，尚能调声弄舌，时吐好音；我辈搦管拈毫①，岂可甘作鸦鸣牛喘②！

【原评】

吴菌次曰：牛若不喘，宰相安肯问之？

张竹坡曰：宰相不问科律，而问牛喘③，真是文章司命④！

倪永清曰：世皆以鸦鸣牛喘为凤歌鸾唱，奈何！

【注释】

①搦管：握笔。拈毫：拿笔。

②鸦鸣牛喘：鸦声聒噪刺耳，牛因热而气喘的声音充满痛苦，都不是好听的声音，比喻文辞拙劣。

③问牛喘：汉宣帝时，宰相丙吉在一次出行途中，见人斗殴不予过问，见一头被赶着的牛喘着粗气，连忙派人询问原因。他认为斗殴之类的小事有专人负责，而牛喘粗气则可能是时气失节，阴阳失和，是宰相应该关心的大事。

④司命：星官名。掌管生命的神，这里指掌握别人命运的人。

【译文】

秋天的虫儿、春天的鸟儿，都能够发出美妙的声音；我们这些天天舞文弄墨的人，难道心甘情愿屈居其下，只能写出一些像乌鸦的叫声或笨牛喘息之声的文章吗？

【原评译文】

吴菌次说：牛如果要是不喘息了，西汉宰相丙吉就会问又发生了什么呢？

张竹坡说：身为宰相不去过问违反国家法律的事情，而是关心牛为什么喘息，简直是一位只会做文章的小神。

倪永清说：世间的人都把乌鸦的叫声和牛的喘息声当作难

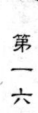

得一闻的凤鸾鸣叫的声音，又有什么办法呢！

第一六八则

【原文】

　　媸颜陋质①，不与镜为仇者，亦以镜为无知之死物耳。使镜而有知，必遭扑破矣。

【原评】

　　江含徵曰：镜而有知，遇若辈早已回避矣。

　　张竹坡曰：镜而有知，必当化媸为妍。

【注释】

　　①媸颜陋质：容貌丑陋的人。媸，丑陋，与"妍"相对。

【译文】

　　容貌丑陋、皮肤粗糙的人，不与镜子结仇，也是因为他们以为镜子是没有意识的死的东西。假使镜子有意识的话，一定会被打得粉碎。

【原评译文】

　　江含徵说：镜子要是有意识，遇见这些人早就设法躲避了。

　　张竹坡说：镜子要是有意识，必定要变丑陋为貌美。

第一六九则

【原文】

　　吾家公艺[①]，恃百忍以同居，千古传为美谈。殊不知忍而至于百，则其家庭乖戾睽隔[②]之处，正未易更仆数[③]也。

【原评】

　　江含徵曰：然除了一忍，更无别法。

　　顾天石曰：心斋此论，先得我心。忍以治家可耳；奈何进之高宗，使忍以养成武氏之祸哉！

　　倪永清曰：若用"忍"字，则百犹嫌少。否则以"剑"字处之，足矣。或曰"出家"二字，足以处之。

　　王安节曰：惟其乖戾睽隔，是以要忍。

【注释】

　　①吾家公艺：指唐代张公艺。因为同姓，所以张潮称他为"吾家公艺"。张公艺家九代同居，没有分家。唐高宗去泰山，亲自到张公艺家里，问他们是如何做到九世同居的。张公艺取来纸笔，写了100多个"忍"字作为回答。封建家族制度，聚族而居，容易起纷争，若没有百般忍耐，很难相安无事。后来张姓常以"百忍"为堂名。

　　②乖戾睽隔：有矛盾，不和谐。

　　③更仆数：形容事物繁多，难以计数。出自《礼记·儒行》："遽数之不能终其物，悉数之乃留，更仆未可终也。"

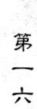

【译文】

我的本家张公艺，依靠100个"忍"字而保持九代居住在一起，他们的行为成为千古佳话。但人们忽略一个事实，当忍耐达到100多个"忍"字的程度，就说明他家庭里相互不和、彼此之间产生了许多隔阂，三言两语还真是一下子难以说得清楚。

【原评译文】

江含徵说：然而除了一个"忍"字以外，再也没有别的办法了。

顾天石说：张潮先生这番言论，首先得到我的赞许。对于家庭而言，可以用"忍"进行管理；只是把这个方法进献给唐高宗，让唐高宗用"忍"来治理国家，结果唐高宗的"忍"，埋下了武则天夺取李氏政权的祸患。

倪永清说：如果仅仅依靠"忍"字，上百个也不够多，要是用"剑"对待不和谐，一个就够了。也有的说"出家"二字就足够了。

王安节说：正因家中出现隔阂与不和睦，所以才需要忍让。

第一七〇则

【原文】

九世同居，诚为盛事。然止当与割股、庐墓①者作一例看。

可以为难②矣，不可以为法③也，以其非中庸之道也。

【原评】

洪去芜曰：古人原有"父子异宫④"之说。

沈契掌曰：必居天下之广居而后可。

【注释】

①割股、庐墓：割股、庐墓是封建社会的一种愚孝行为，割股就是割下自己腿上的肉来治疗父母的重病，庐墓指在父母坟前搭草庐守孝三年。

②为难：看作很难的事情。

③法：楷模，标准。

④父子异宫：父子分开居住。北齐颜之推《颜氏家训》记载："父子之严，不可以狎；骨肉之爱，不可以简。简则慈孝不接，狎则怠慢生焉。由命士以上，父子异宫，此不狎之道也；抑搔痒痛，悬衾箧枕，此不简之教也。"

【译文】

九代同居的确是一件非常不容易的事情，然而只应当把它与割肉给父母吃了治病、父母葬后守墓三年的行为一样看待。我们可以认为这是很难的事情，但不值得去效法，因为它不符合中庸之道。

【原评译文】

洪去芜说：古代的人本来就有"父亲和儿子不住居在同一个室内"的说法。

沈契掌说：九世同居在一起，必须要有天下最宽敞的房子

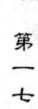

才能容得下。

第一七一则

【原文】

作文之法：意之曲折者，宜写之以显浅之词；理之显浅者，宜运之以曲折之笔。题之熟者，参之以新奇之想；题之庸者，深之以关系之论①。至于窘者舒之使长，缛者删之使简，俚者文之使雅，闹者摄之使静，皆所谓裁制也。

【原评】

陈康畴曰：深得作文三昧语。

张竹坡曰：所谓节制之师。

王丹麓曰：文家秘旨，和盘托出，有功作者不浅。

【注释】

①深：这里作动词用，深入挖掘的意思。关系之论：事物间的深层联系。

【译文】

写文章的方法：曲折隐晦的意思，就要采取通俗易懂的语言表达出来；浅显明白的道理，就要采取曲折多变的笔法表达出来；经常出现的题目，就要采取新颖别致的构思表达出来；文章中加上新颖的构思；平庸的题目，就要采取之相关联的观点去深化它。至于浅显易懂的地方应该采取舒缓笔调使它变长，烦琐重复的应该删掉多余的地方让它变得简洁精练，鄙俗粗浅的地方应该加以修饰使它变得文雅起来，文气浮躁的地方应该加以抑制，使之变得平和一些，这些均是写文章的基本方法。

【原评译文】

陈康畴说：这些话传递出写文章的奥妙之处。

张竹坡说：这就类似于军纪严明的队伍。

王丹麓说：作家的写作奥妙，被毫无保留地说了出来，对初学写作的人做出了巨大贡献。

第一七二则

【原文】

笋为蔬中尤物，荔枝为果中尤物①，蟹为水族中尤物，酒为饮食中尤物，月为天文中尤物，西湖为山水中尤物，词曲为文字中尤物。

【原评】

张南村②曰：《幽梦影》可为书中尤物。

陈鹤山曰：此一则又为《幽梦影》中尤物。

【注释】

①尤物：突出的人物，珍贵的物品。尤，特异的、突出的。

②张南村：张惣（1619—1694 年），字南村，号藓芜庵，江宁（今江苏南京）人。张惣善诗画，交游贤俊，治古文辞，专力于诗。著有《藓芜庵集》《南村集》。《虞初新志》卷八收录其笔记小说《万夫雄打虎传》。

【译文】

竹笋是蔬菜中的极品，荔枝是水果中的极品，螃蟹是水族中的极品，酒是饮食中的极品，月亮是天空中的美人，西湖是山水中的绝美景色，词曲是文学中的绝妙文体。

【原评译文】

张南村说：《幽梦影》可以算得上是书中的一本佳作。

陈鹤山说：这一则又是《幽梦影》中的名篇。

第一七三则

【原文】

买得一本①好花，犹且爱护而怜惜之，矧②其为解语花乎？

【原评】

周星远曰：性至之语，自是君身有仙骨，世人那得知其故耶！

石天外曰：此一副心，令我念佛数声。

李若金曰：花能解语，而落于粗恶武夫，或遭狮吼栽贼③，虽欲爱护，何可得？

王司直曰：此言是恻隐之心，即是是非之心。

【注释】

①本：原意是指植物的根、干，这里用作植物的计量单位，一本就是一棵、一株。

②矧：何况。

③狮吼：比喻蛮横凶悍的妇人。苏轼有诗云："忽闻河东狮子吼，拄杖落手心茫然。"戕贼：残害，伤害。

【译文】

买到一株好花，就应当好好爱护它、怜惜它，更何况它是善解人意的美人呀！

【原评译文】

周星远说：能说出这样一番极富情调的话，主要源于张潮先生身上的仙风道骨，普通人怎么会明白其中的道理呢？

石天外说：如此对待花，说明张潮先生有一副菩萨心肠，让我感动得连忙念几声佛家语言，祈求佛的保佑。

李若金说：貌美如花又善解人意，却落入粗鲁凶狠的武夫之手，或者是遭遇悍妒的妒忌，即便有心去怜爱她，怎么才能做到呢？

王司直说：这番话可以引发同情之心，也可以招来是非之心。

第一七四则

【原文】

观手中便面①，足以知其人之雅俗，足以识其人之交游。

【原评】

李圣许曰：今人以笔资丐名人书画，名人何尝与之交游？吾知其手中便面虽雅，而其人则俗甚也。心斋此条，犹非定论。

毕岕谷曰：人苟肯以笔资丐名人书画，则其人犹有雅道存焉。世固有并不爱此道者。

钱目天曰：二语皆然。

【注释】

①便面：用来遮脸的扇状物。《汉书·张敞传》："（敞）使御吏驱，自以便面拊马。"颜师古注："便面，所以障面，盖扇之类也。不欲见人，以此自障面，则得其便，故曰便面，亦曰屏面。今之沙门所持竹扇，上表平而下圆，即古之便面也。"后也称团扇、折扇为便面。

【译文】

通过一个人手中的扇子，就可以判断出这个人是风流儒雅还是俗不可耐，也足以判断出这个人平时交往的朋友。

【原评译文】

李圣许说：当今的人用润笔费求购名人的字画，名人何时与这样的人相交往过？我知道有的人中拿着非常雅致的扇子，但是这样的人却表现非常庸俗。张潮先生的这一条言论，仍然不够严谨。

毕嵋谷说：假如用润笔费求购名人的书法和画作，说明这个人还具备一些高雅的成分。世上的确有这种不喜欢高雅兴趣的人。

钱目天说：这两句说得都有道理。

第一七五则

【原文】

水为至污之所会归，火为至污之所不到。若变不洁为至洁，则水火皆然。

【原评】

江含徵曰：世间之物，宜投诸水火者不少，盖喜其变也。

【译文】

水是最污秽之物聚集的地方，火是最肮脏的东西无法到达的地方。如果把不干净的东西变为最干净的东西，那么水与火都可以做到这一点。

【原评译文】

江含徵说：世上的物品，有很多应该扔到水中或火里，只因为喜欢看它们的变化啊。

第一七六则

【原文】

貌有丑而可观者，有虽不丑而不足观者；文有不通而可爱者，有虽通而极可厌者。此未易与浅人[1]道也。

【原评】

陈康畴曰：相马于牝牡骊黄[2]之外者，得之矣。

李若金曰：究竟可观者，必有奇怪处；可爱者，必无大不通。

梅雪坪[3]曰：虽通而可厌，便可谓之不通。

【注释】

①浅人：肤浅、没有见识的人。

②牝牡骊黄：《列子·说符》中有记载：九方皋相中了一匹好马，秦穆公问他是什么样的良马，他说"牝而黄"（黄色的母马），去取马的人看到的却是"牡而骊"（黑色的公马）。秦穆公责怪伯乐推荐的人不行，伯乐说九方皋相马注重的是马的实质，而不是外表。结果事实证明，九方皋相中的那匹马果然是一匹罕见的良驹。骊，黑色；"牝牡骊黄"即雌雄黑黄的外表。

③梅雪坪：梅庚（1640—约1722年），字子长，号雪坪，晚号听山翁。康熙二十一年（1682年）举人，官泰顺知县。诗、书、画皆

精，画山水、花卉，脱略凡格。与梅清、石涛、戴本孝等史称黄山画派，传世画作有《敬亭棹歌图》。

【译文】

有的相貌虽然丑陋，但很耐看，有的相貌虽然不丑陋，却根本不耐看；有的文章虽然读起来不顺畅，但平实可爱，有的文章虽然读起来很顺畅，却让人非常讨厌，这道理很难和浅薄的人说清楚。

【原评译文】

陈康畴说：相马能看到公母黑黄这些表面现象之外的本质，这才是真会相马。

李若金说：推究起来值得欣赏的人必然有奇特怪异的地方，令人喜爱的文章必定没有特别不通顺的地方。

梅雪坪说：文章虽然通顺但是令人厌恶，便可以称之为不通畅。

第一七七则

【原文】

游玩山水，亦复有缘。苟机缘未至，则虽近在数十里之内，亦无暇到也。

【原评】

张南村曰：予晤心斋时，询其曾游黄山否。心斋对以"未

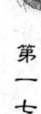

游"，当是机缘未至耳。

陆云士曰：余慕心斋者十年。今戊寅①之冬，始得一面。身到黄山恨其晚，而正未晚也。

【注释】

①戊寅：指康熙三十七年（1698 年）。

【译文】

要想到某个地方游览山水也要讲究机缘，如果机缘没到的话，即便山水近在几十里之内，也没有空闲的时间去游玩。

【原评译文】

张南村说：我见到张潮先生时，问他是否游览过黄山，张潮先生回答说没有去过，应该是机缘还没到的缘故吧。

陆云士说：我仰慕张潮先生已经十年了，到如今的康熙三十七年（1698 年）冬天，才难得见到一面。身处黄山时遗憾自己来这儿来得有点儿晚，其实一点儿也不晚。

第一七八则

【原文】

"贫而无谄①，富而无骄"，古人之所贤也；贫而无骄，富而无谄，今人之所少也。足以知世风之降矣。

【原评】

许来庵曰：战国时已有"贫贱骄人^②"之说矣。

张竹坡曰：有一人一时，而对此谄、对彼骄者，更难！

【注释】

①贫而无谄，富而无骄：出自《论语·学而》："子贡曰：'贫而无谄，富而无骄，何如?'子曰：'可也。未若贫而乐，富而好礼者也。'"

②贫贱骄人：身处贫贱，但以此蔑视权贵，出自《史记·魏世家》："富贵者骄人乎，且贫贱者骄人乎?"

【译文】

贫贱而不讨好谄媚，富贵而不骄奢淫逸，这是古人所推崇的。贫贱而不骄纵放肆，富贵而不讨好谄媚，这也是现代人所不具备的。由此便可以知道，现在的社会风气已经远远不如古代了。

【原评译文】

许来庵说：战国时期就已经出现了贫贱者骄横霸道的说法。

张竹坡说：对待同一个人，一会儿巴结奉承，一会儿骄横霸道，能做到这样非常困难。

第一七九则

【原文】

昔人欲以十年读书、十年游山、十年检藏。予谓检藏尽可不必十年，只二三载足矣。若读书与游山，虽或相倍蓰^①，恐亦不足以偿所愿也。必也，如黄九烟前辈之所云，"人生必三百年而后可"乎？

【原评】

江含徵曰：昔贤原谓尽则安能，但身到处，莫放过耳。

孙松坪曰：吾乡李长蘅^②先生爱湖上诸山，有"每个峰头住一年"之句。然则黄九烟先生所云，犹恨其少。

张竹坡曰：今日想来，彭祖反不如马迁。

【注释】

①或相倍蓰：原意是说事物有时相差好几倍，这里指多用几倍的时间。蓰，五倍。

②李长蘅：李流芳（1575—1629年），字长蘅，号香海、泡庵，歙县（今属安徽）人，侨居嘉定（今属上海）。与唐时升、娄坚、程嘉燧称"嘉定四君子"。性孝友，能急友人之难，人品、文品俱高。精绘事，擅山水，为"画中九友"之一。有《檀园集》。

【译文】

以前的人想要用 10 年的时间读书，用 10 年的时间游览名

山大川，用 10 年的时间收藏书籍。我认为收藏大可不必用上
10 年的时间，只要两三年的时间就可以了。如果要是读书或是
游山玩水，就算是再增加成倍的时间，恐怕也不能得偿所愿。
必须得像黄九烟前辈说的那样，"人生一世必须要活上 300 岁，
然后才可以"吧？

【原评译文】

江含徵说：过去的贤者原本认为游玩到穷尽的程度怎么可
能，只是自身去到的地方不要放过罢了。

孙松坪说：我家乡的李长蘅先生，喜爱西湖上的每一座
山，有"每个峰头住一年"的诗句，然而黄九烟先生仍遗憾他
说的太少。

张竹坡说：今天想来，长寿的彭祖反倒比不上游历甚广的
司马迁。

第一八〇则

【原文】

宁为小人之所骂，毋为君子之所鄙；宁为盲主司①之所摈
弃，毋为诸名宿②之所不知。

【原评】

陈康畴曰：世之人自今以后，慎毋骂心斋也。

江含徵曰：不独骂也，即打亦无妨，但恐鸡肋不足以安尊拳耳！

张竹坡曰：后二句足少平吾恨。

李若金曰：不为小人所骂，便是乡愿③；若为君子所鄙，断非佳士。

【注释】

①盲主司：不能选拔真正人才的主考官。

②名宿：指素有名望的人，亦指出名的老前辈。

③乡愿：指貌似谨厚，而实与世俗同流合污的伪善者。

【译文】

宁可做个被小人辱骂的人，也不要做个被君子鄙视的人；宁可做个被不能选拔真正人才的主考官放弃的人，也不要做个社会名流所不知道的人。

【原评译文】

陈康畴说：世上的人从今以后，请小心不要轻易骂张潮先生。

江含徵说：不仅仅是辱骂，就算被小人打了也不要紧，恐怕张潮先生这瘦弱的身体，让对方找不到可以击打的地方。

张竹坡说：后面两句话可以完全平息我心中的怨恨。

李若金说：不被小人辱骂，就是一位欺世伪善的人；假如被人格高尚的人所鄙视，肯定是品行不端的人。

第一八一则

【原文】

　　傲骨不可无，傲心不可有。无傲骨则近于鄙夫，有傲心不得为君子。

【原评】

　　吴街南曰：立君子之侧，骨亦不可傲；当鄙夫之前，心亦不可不傲。

　　石天外曰：道学之言，才人之笔。

　　庞笔奴曰：现身说法，真实妙谛。

【译文】

　　不能不具备高傲的品格，但是不能拥有傲慢的心。不具备高傲的品格就接近于鄙陋的小人，怀有一颗傲慢的心，就不可能成为道德君子。

【原评译文】

　　吴街南说：站在品格高尚的人的身旁，不能表现出高傲的风骨；与庸俗浅陋的人在一起，也就不能不表现出高傲的心态。

　　石天外说：道家学说的言论，用才子的文笔表达出来。

　　庞笔奴说：用自己的经历来说明道理，真实精妙，没有丝

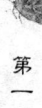

毫的虚夸成分。

第一八二则

【原文】

蝉为虫中之夷齐①，蜂为虫中之管晏②。

【原评】

崔青峙③曰：心斋可谓虫之董狐④。

吴镜秋⑤曰：蚊是虫中酷吏，蝇是虫中游客。

【注释】

①夷齐：即商代孤竹君的儿子伯夷、叔齐。商亡，二人不食周粟，饿死在首阳山中。

②管晏：即管仲、晏婴。皆治国名相。

③崔青峙：崔岱齐，字青峙，平山（今属河北）人，在扬州刻《坐啸亭诗》。

④董狐：春秋时晋国优秀的史官。

⑤吴镜秋：吴雯炯，字镜秋，号葛巾老人，安徽歙县人，著有《香草词》。

【译文】

蝉在昆虫中洁身自好，就像伯夷和叔齐一样；蜜蜂在昆虫中勤劳务实，就像管仲和晏婴一样。

崔青峙说：毫不夸张地说，张潮先生是昆虫中直言不讳的良史董狐一样的人物。

吴镜秋说：昆虫中，蚊子是严酷的官吏，苍蝇是专门攀附权贵的家伙。

第一八三则

【原文】

曰痴、曰愚、曰拙、曰狂，皆非好字面①，而人每乐居之；曰奸、曰黠、曰强、曰佞，反是②，而人每不乐居之，何也？

【原评】

江含徵曰：有其名者无其实，有其实者避其名。

【注释】

①好字面：意义比较好的字。

②反是：跟上面的情况相反。

【译文】

说人痴、说人愚、说人拙、说人狂，这些字的含义都不好，而人们总偏偏喜欢用在自己身上。大家说的奸、黠，强、佞等字，这些字与前面的字意恰恰相反，但是人们却不喜欢用

在自己身上，这到底是为什么？

【原评译文】

江含徵说：具备这种名声的人实际上并不是这样的，而真正是那样的人却又躲避那种名声。

第一八四则

【原文】

唐虞之际①，音乐可感鸟兽②。此盖唐虞之鸟兽，故可感耳。若后世之鸟兽，恐未必然。

【原评】

洪去芜曰：然则鸟兽亦随世道为升降耶？

陈康畴曰：后世之鸟兽，应是后世之人所化身，即不无升降，正未可知。

石天外曰：鸟兽自是可感，但无唐虞音乐耳。

毕右万曰：后世之鸟兽，与唐虞无异，但后世之人迥不同耳！

【注释】

①唐虞之际：指尧与舜统治的时代，是古人心目中的太平盛世。唐虞，即尧、舜。尧为陶唐氏，舜为有虞氏。际：时期。

②音乐可感鸟兽：据《尚书》中的《益稷》《舜典》等篇记载，

舜时夔为乐官，掌管音乐，演奏时可以打动飞禽走兽，使之应和世道。

【译文】

唐尧虞舜时期，音乐可以感动飞禽走兽，这大概是尧舜时候的鸟兽容易被感动吧。如果是唐尧虞舜时期以后的飞禽走兽，恐怕就不会是这样子了。

【原评译文】

洪去芜说：难道那些飞禽走兽的品德也会随着世道的盛衰而有所上升和下降吗？

陈康畴说：后世的飞禽走兽，应该是后世之人的化身，即便世风没有出现盛衰变化，也不一定能被感动。

石天外说：飞禽走兽自身是可以被感动的，只是没有尧和舜时期的音乐罢了。

毕右万说：后世的飞禽走兽，与尧舜时期的飞禽走兽没有什么区别，只是后世的人与尧舜时期的人有所不同而已。

第一八五则

【原文】

痛可忍，而痒不可忍；苦可耐，而酸不可耐。

【原评】

陈康畴曰：余见酸子①偏不耐苦。

张竹坡曰：是痛、痒关心语。

余香祖曰：痒不可忍，须倩麻姑[②]搔背。

释牧堂曰：若知痛痒、辨苦酸，便是居士悟处。

【注释】

①酸子：即酸丁。旧时对贫寒而迂腐的读书人的贬称。

②麻姑：传说中的仙女。传说东汉桓帝时曾应仙人王远（字方平）召，降于蔡经家，为一美丽女子，貌若十八九岁，手纤长似鸟爪。蔡经见之，就想入非非："背大痒时，得此爪以爬背，当佳。"方平知经心中所念，使人鞭之，且曰："麻姑，神人也，汝何思谓爪可以爬背耶？"麻姑自云："接侍以来，已见东海三为桑田。"又能掷米成珠，为种种变化之术。事见晋代葛洪所撰《神仙传》。

【译文】

疼痛能够忍受，但是痒无法忍受；苦能够忍耐，但是酸无法忍耐。

【原评译文】

陈康畴说：我看到那些既穷酸又迂腐的读书人偏偏无法忍耐贫困与苦难。

张竹坡说：这是身上出现痛痒的人都关心的话。

余香祖说：当痒无法忍受时可以请麻姑挠一挠。

释牧堂说：如果知道痛与痒，就可以辨别出苦味与酸味，这便是居士有所领悟之处。

第一八六则

【原文】

镜中之影，着色人物①也；月下之影，写意②人物也。镜中之影，钩边画③也；月下之影，没骨画④也。月中山河之影⑤，天文中地理也；水中星月之象，地理中天文也。

【原评】

恽叔子⑥曰：绘空镂影之笔。

石天外曰：此种着色写意，能令古今善画人一齐搁笔。

沈契掌曰：好影子俱被心斋先生画着。

【注释】

①着色人物：涂上了色彩的人物画。

②写意：国画的一种画法，用笔高简、只求传神而不求形似，着意注重表现神态和抒发作者的意趣。多用水墨，不着色。

③钩边画：画法的一种，用线条描出物体形象的轮廓，然后设色填充。因为从两条线钩成物形，又称为双钩画。

④没骨画：国画中花鸟、人物的一种画法，画时只用彩色，不用双钩，类似今天的水彩画。元王冕、清恽寿平等人均以没骨画见长。

⑤月中山河之影：古人认为月亮上的阴影是地上山河的影子。

⑥恽叔子：恽格（1633—1690 年），字寿平，又字正叔，亦字叔子，号南田，又有别号白云外史、云溪外史、东园客、草衣生、横山

樵者、巢枫客，明末清初武进（今属江苏）人。初画山水，笔墨秀峭，后改画没骨花卉，自成一家，工诗，书法学唐褚遂良，诗书画人称三绝。有《瓯香馆集》《南甲诗钞》等。

【译文】

镜子中出现的人影与本人形貌、颜色一模一样，有如涂了颜色的人物画；月下出现的人影具备人的轮廓、形态但看不出细节，就像写意的人物画。镜子中出现的用线条钩出的钩边画；月下出现的人影边缘模糊，仿佛只用彩色画出的没骨画。月色中山河的影子，是天体中山川形态的真实写照；水中的星月，是地理中的天体形态。

【原评译文】

恽叔子说：真是能描绘虚空雕琢影像的文笔。

石天外说：这种着色画与写意画，能让古往今来善于绘画的人一起停笔。

沈契掌说：美好的影子都被张潮先生画下来了。

第一八七则

【原文】

能读无字之书，方可得惊人妙句；能会难通之解，方可参最上禅机①。

【原评】

黄交三曰：山老之学，从悟而入，故常有彻天彻地之言。

【注释】

①禅机：禅语机锋。禅为梵语音译"禅那"的省称，是静思之意。参禅就是玄思冥想、探究真理。

【译文】

能够从无字之书中获得知识的人，就能够写出惊人的妙句；能够理解普通人难以理解的道理的人，就能够参悟最精微的禅机。

【原评译文】

黄交三说：张潮先生的学问，从感悟入手，所以经常能说出贯通天地的言论。

第一八八则

【原文】

若无诗酒，则山水为具文；若无佳丽，则花月皆虚设。

【注释】

①具文：空文，徒有形式而无实际意义。

【译文】

假如缺少诗和酒助兴，那么自然界中的山水就形同徒有形式的空文；假如缺少佳人绝色的映衬，那么鲜花月亮就好像形同虚设的物件。

第一八九则

【原文】

才子而美姿容[①]，佳人而工著作[②]，断不能永年者，匪独为造物之所忌。盖此种原不独为一时之宝，乃古今万世之宝，故不欲久留人世以取亵[③]耳！

【原评】

郑破水曰：千古伤心，同声一哭。

王司直曰：千古伤心者，读此可以不哭矣！

【注释】

①美姿容：有美好的仪态和容貌。

②工著作：工于著述，这里指擅长写诗文。

③取亵：招致亵渎。取，得到，招致。亵，轻慢侮弄。

【译文】

才子要是长相俊美，美人要是擅长吟诗作赋，就一定不会长寿，这不仅仅是造物主忌妒所造成的。大概是这种人本身就是一个时期的杰出之才，甚至也是千秋万代的杰出之才，所以造物主不想让他们长久留在人间招来世俗的亵渎。

郑破水说：出现这种现象，千百年来大家都为这样的事而伤心，大家都为这样的不幸而悲伤吧。

王司直说：千百年来为这种现象而伤心的人，读了这段话后就不必再悲伤了。

第一九〇则

【原文】

陈平封曲逆侯^①，《史》、《汉》注皆云"音去遇"。予谓此是北人土音耳。若南人四音^②俱全，似仍当读作本音为是（北人于唱曲之"曲"，亦读如"去"字）。

【原评】

孙松坪曰：曲逆，今完县也。众水潆洄^③，势曲而流逆。予尝为土人订之，心斋重发吾覆^④矣。

【注释】

①陈平（前？—前178年）：西汉河南阳武人。少时家贫而好学，秦末，陈胜起事，事魏王咎为太仆。后从项羽入关，任都尉。旋归刘邦，任护军中尉，为谋士。献离间项羽、范增、笼络韩信之计，均被采纳。刘邦被匈奴围于平城，陈平以计赂匈奴阏氏，使其得出。高帝七年（前200年），封曲逆侯。惠帝、吕后、文帝时历任丞相。吕后

死，平与太尉周勃合力诛诸吕，迎立汉文帝。卒谥献。曲逆，即今河北顺平县。

②四音：即四声。北方多数地方语音中无入声，曲、逆两字读如"去遇"。而按保留了入声的南方语音来读，这两个字都是入声。

③潆洄：水流回旋。

④发吾覆：揭除蔽障。见《庄子·田子方》："微夫子之发吾覆也，吾不知天地之大全也。"

【译文】

陈平被封为曲逆侯，《史记》《汉书》都注释说"读作去遇"。我认为这是北方人的土音罢了。如果像南方人平、上、去、入四声俱全，似乎应当读成它本来的音调才对（北方人把唱曲的"曲"字，也读成"去"）。

【原评译文】

孙松坪说：曲逆是今天的完县。那里的各条河流都在此回旋，由于地势曲折，河水出现逆流的现象。我曾经到那里做过具体的考证，张潮先生的这条重蹈我的覆辙了。

第一九一则

【原文】

古人四声俱备，如"六"、"国"二字皆入声也。今梨园演苏秦①剧，必读"六"为"溜"，读"国"为"鬼"，从无读入声者。然考之《诗经》，如"良马六之"、"无衣六兮"^②之类，皆不与去声叶^③，而叶祝、告、燠；"国"字皆不与上声叶，而叶入陌、质^④韵。则是古人似亦有入声，未必尽读"六"为"溜"、读"国"为"鬼"也。

【原评】

弟木山曰：梨园演苏秦，原不尽读"六国"为"溜鬼"，大抵以曲调为别。若曲是南调，则仍读入声也。

【注释】

①苏秦（前？—前 317 年）：战国时东周洛阳人，字季子。师鬼谷子，习纵横家言，游说齐、楚、燕、韩、赵、魏六国合纵抗秦，他本人为纵约长，佩六国相印。古代有许多搬演苏秦故事的戏剧，苏秦剧指的就是这些，比如元杂剧《冻苏秦衣锦还乡》、明传奇《金印记》、《合纵记》等。

②良马六之：出自《诗经·鄘风·干旄》："孑孑干旄，在浚之城。素丝祝之，良马六之。彼姝者子，何以告之？""六"在这里与"祝""告"押韵。无衣六兮：出自《诗经·唐风·无衣》："岂曰无衣六兮？不如子之衣，安且燠兮！"这里的"六"与"燠"押韵。祝、告、燠都是入声字。

③叶：同"协"，叶韵，押韵。

④陌：指入声十一陌部。质：指入声中的四质部。

【译文】

古代人四声也是很完备的，如"六""国"这两个字都是入声。现在梨园弟子演苏秦剧的时候，一定把"六"读作

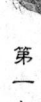

"溜"，把"国"读为"鬼"，从来没有读入声的。但是据考证
《诗经》来说，像"良马六之""无衣六兮"这一类的，都是
不与去声相叶，却叶祝、告、燠韵；"国"字都不与上声叶，
却叶入陌、质韵。由此可见，古人似乎也有入声，不一定都读
"六"为"溜"，读"国"为"鬼"。

【原评译文】

弟木山说：戏园里演苏秦戏，根本没有完全把"六国"读
成"溜鬼"，出现发音不准的情况可能是根据曲调而决定发音。
如果这曲戏出现在南方的舞台上，那么则仍然为入声。

第一九二则

【原文】

闲人之砚，固欲其佳；而忙人之砚，尤不可不佳。娱情[1]
之妾，固欲其美；而广嗣[2]之妾，亦不可不美。

【原评】

江含徵曰：砚美下墨，可也；妾美招妒，奈何？

张竹坡曰：妒在妾，不在美。

【注释】

①娱情：调笑欢娱。

②广嗣：指多生育子嗣。《汉书·杜周传》："礼，壹娶九女，所

以极阳数，广嗣重祖也。"

【译文】

时间充裕又比较清闲的人，自然希望自己的砚台质地优良；忙碌之人对砚台的要求是质地要更加优良。心情愉悦时纳妾，要求她貌美如花；以繁育后代为目的纳妾，也必须要求她是美丽的。

【原评译文】

江含徵说：砚台质地优良宜于使用，是可以的；侍妾的长相太漂亮会招来妒忌，该怎么解决呢？

张竹坡说：侍妾遭到妒忌是宠爱造成的，而不是因为长相漂亮。

第一九三则

【原文】

如何是独乐乐？曰鼓琴；如何是与人乐乐？曰弈棋；如何是与众乐乐？曰马吊①。

【原评】

蔡铉升曰：独乐乐，与人乐乐，孰乐？曰"不若与人"。与少乐乐，与众乐乐，孰乐？曰"不若与少"。

王丹麓曰：我与蔡君异，独畏人为鬼阵②，见则必乱其局而后已。

【注释】

①马吊：明代中后期开始盛行的一种纸牌游戏，玩法类似今天的麻将。因为是合四十叶纸牌而成，故又称"叶子戏"。

②鬼阵：旧时围棋的别称。宋代无名氏《采兰杂志》中有："吴耽不好棋，见人着，曰：'汝非死将军，奈何辄以鬼阵相攻？'后人因名棋曰'鬼阵'。"

【译文】

属于一个人的快乐到底是什么样子的呢？我认为是击鼓弹琴；能与别人一起分享的快乐到底是什么呢？我认为是下棋；能与大家一起分享的快乐到底是什么呢？我认为是玩纸牌游戏。

【原评译文】

蔡铉升说：一个人的快乐和与众人一起分享的快乐，哪个更加快乐呢？回答说："与众人一起分享的快乐比一个人独享的快乐更快乐。"与少数人一起分享的快乐，和多数人一起分享的快乐，哪一种更加快乐呢？回答说："和少数人一起分享的快乐比大家一起分享的快乐更快乐。"

王丹麓说：我和蔡先生的看法有所不同，我最怕别人下棋，见到对弈就一定扰乱棋局才肯罢休。

第一九四则

【原文】

　　不待教而为善为恶者，胎生也；必待教而后为善为恶者，卵生也；偶因一事感触而突然为善为恶者，湿生也（如周处、戴渊①之改过，李怀光②反叛之类）；前后判若两截，究非一日之故者，化生③也（如唐玄宗、卫武公④之类）。

【注释】

　　①周处：晋阳羡人，年少作恶害民，后改恶从善屡立战功。戴渊：也是晋人，年少时行操不好，后改过自新，官至征西将军。

　　②李怀光：唐将，屡建功勋，官至副元帅，后反叛，被部将杀死。

　　③化生：佛教将世界众生分为胎生、卵生、湿生、化生四大类。在这里以四生来比喻不同类型的人。胎生如人类及哺乳动物；卵生如鸟及蛇类；湿生如昆虫等，需要湿润之气才能变形而出生；化生如神及每一劫最初生命，这里指自我变化，前后表现截然不同。

　　④唐玄宗：先英明后昏庸，宠幸杨贵妃，酿成安史之乱。卫武公：先弑兄篡位后勤政安民，治国有方。

【译文】

　　不接受教育就能够分辨出是善还是恶，这样的是胎生的；必须接受教育以后才能分辨出善与恶，这样的人是卵生的；偶尔因为一件事情触发的感触而能感觉到善与恶的，这样的人是湿生的（例如周处、戴渊改恶从善，李怀光等这类人的反版）；前后判若两人，并非一天之内就能改变本性，这样的人是化生的（例如唐玄宗、卫武公等这类人）。

第一九五则

【原文】

凡物皆以形用，其以神用者，则镜也、符印也、日晷①也、指南针也。

【原评】

袁中江曰：凡人皆以形用，其以神用者，圣贤也、仙也、佛也。

黄虞外士曰：凡物之用皆形，而其所以然者，神也。镜凸凹而易其肥瘦，符印以专一而主其神机，日晷以恰当而定准则，指南以灵动而活其针缝。是皆神而明之存乎人矣。

【注释】

①日晷：古代的一种测时仪器，由晷盘和晷针组成。

【译文】

所有器物，形状决定了它们的用途。镜子、符节印章、记时刻的日晷、指示方向的指南针就是根据神奇的器型从而决定它们发挥的作用的。

【原评译文】

袁中江说：普通人都根据外部形态而决定能从事什么事情，根据内在精神而决定从事什么事情的，是圣贤之人、神仙、佛。

黄虞外士说：所有物品被使用都是因为其外在形状，之所以会出现这样的结果，是因为它们内在的本质。镜子的凹与凸可以改变影像的胖瘦，符节印信是因为专一而具有特殊的功效，日晷是因为要确定时间而确定了它的运行准则，指南针是因为它的灵活而不将其指针固定住。真正懂得这些事物的奥秘，就在于自己的领会与感悟。

第一九六则

【原文】

才子遇才子，每有怜才之心；美人遇美人，必无惜美之意。我愿来世托生为绝代佳人，一反其局而后快。

【原评】

陈鹤山曰：谚云："鲍老当筵笑郭郎，笑他舞袖大郎当。若教鲍老当筵舞，转更郎当舞袖长。"则为之奈何？

郑蕃修曰：俟心斋来世为佳人时再议。

余湘客曰：古亦有"我见犹怜①"者。

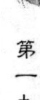

倪永清曰：再来时不可忘却。

【注释】

　　①犹：还，尚且。怜：可爱。我见犹怜：我见了尚且觉得可爱。形容女子容貌美丽动人。典出南朝宋虞通之《妒记》。

【译文】

　　才子遇见才子通常会产生羡慕对方才华的心情，而美人遇见美人一定不会出现羡慕对方美貌的想法。但愿我下辈子能投胎成为一个绝代佳人，从而改变这种看法而为此快乐。

【原评译文】

　　陈鹤山说：谚语说："戏台上戴面具的角色笑话滑稽的丑角，嘲笑他的舞袖不合体太宽大。如果让戴面具的角色在戏台上起舞，他的舞袖反而比小丑的舞袖更不合体更宽大。"出现这种情况，该怎么解决呢？

　　郑藩修说：等到张潮先生来世变成美人后再作讨论吧。

　　余湘客说：以前就有"我见犹怜"的故事。

　　倪永清说：张潮先生再转世时，不要忘记投胎成绝代佳人。

第一九七则

【原文】

　　予尝欲建一无遮大会①，一祭历代才子，一祭历代佳人。

俟遇有真正高僧，即当为之。

【原评】

顾天石曰：君若果有此盛举，请迟至二三十年之后，则我亦可以拜领盛情也。

释中洲曰：我是真正高僧，请即为之，何如？不然，则此二种沉魂滞魄，何日而得解脱耶？

江含徵曰：折柬虽具，而未有定期，则才子佳人亦复怨声载道。又曰：我恐非才子而冒为才子，非佳人而冒为佳人。虽有十万八千母陀罗②臂，亦不能具香厨法膳也，心斋以为然否？

释远峰曰：中洲和尚，不得夺我施主！

【注释】

①无遮大会：佛教举行的一种大的法会。

②母陀罗：佛教用语，意为印契，即以手结成各种印形。

【译文】

我曾经打算举行一次盛大的布施法会，一方面祭奠历代才子，另一方面祭奠历代佳人。等我遇上真正的高僧，就要着手举办这件事。

【原评译文】

顾天石说：张潮先生您如果真要办这样盛大的布施法会，请推迟到二三十年之后，那时候我也就成为您盛情邀请的对象了。

释中洲说：我就是真正的得道高僧，请求即刻着手举办这次盛大的布施法会，怎么样？不然，这两种徘徊在阴间的魂魄，何时才能够得到超脱呢？

江含微说：尽管请客的书柬已经准备好了，可是日期却没有确定下来，这样的话那些才子佳人们会怨声载道。又说：我只担心举办布施法会时，不是才子的人却冒充才子，不是佳人却冒充佳人前来。即便佛的法力变化出十万八千只手前来帮忙，也无法准备出足够的僧厨法膳。张潮先生认为我说的对吗？

释远峰说：中洲和尚，不要抢夺我的施主。

第一九八则

【原文】

圣贤者，天地之替身。

【原评】

石天外曰：此语大有功名教①，敢不伏地拜倒！

张竹坡曰：圣贤者，乾坤之帮手。

【注释】

①名教：以等级名分为核心的封建礼教。《世说新语·德行》："欲以天下名教是非为己任。"

【译文】

圣人和贤士，是天地的化身。

【原评译文】

石天外说：这句话对儒家纲常伦理有很大的帮助，岂敢不跪倒在地上施行大礼。

张竹坡说：圣人和贤士，是天和地的帮手。

第一九九则

【原文】

天极不难做，只须生仁人君子有才德者二三十人足矣。君一、相一、冢宰^①一，及诸路总制、抚军^②是也。

【原评】

黄九烟曰：吴歌有云："做天切莫做四月天。"可见天亦有难做之时。

江含徵曰：天若好做，又不须女娲氏^③补之。

尤谨庸曰：天不做天，只是做梦。奈何！奈何！

倪永清曰：天若都生善人，君相皆当袖手，便可无为而治。

陆云士曰：极诞极奇之话，极真极确之话。

【注释】

①冢宰：周代的官名，为六卿之首。

②总制、抚军：均为古代官职名。

③女娲氏：神话古帝名，或谓伏羲之妹，或谓伏羲之妇。据《淮南子·览冥训》记：古时天崩地裂，女娲炼五彩石以补天。

【译文】

上天并不难做，只要造出二三十个心地仁厚、才德兼备的君子就可以了。一个当君王，一个当宰相，一个当吏部尚书，其他分别作各路的总督、巡抚，天下就可以太平了。

【原评译文】

黄九烟说：江浙一带流传的民歌唱道："做天千万不要做四月的天。"可见上天也有为难的时候。

江含徵说：上天要是容易做的话，就不需要女娲氏补天了。

尤谨庸说：上天如果不做上天应该做的事，只是做梦。怎么办！怎么办！

倪永清说：上天如果生下的人都很善良，那么君王和宰相就无事可做了，这样天下就可以达到无所作为而得到治理的境界了。

陆云士说：这是极其荒诞、极其怪异的话，又是极其真实、极其确切的话。

第二○○则

【原文】

掷升官图，所重在德，所忌在赃。何一登仕版^①，辄与之相反耶？

【原评】

江含徵曰：所重在德，不过是要赢几文钱耳！

沈契掌曰：仕版原与纸版不同！

【注释】

①仕版：官员名册，登仕版意味着做官。

【译文】

掷升官图这一游戏，重在品德与操守，忌讳贪赃枉法，为什么一旦踏上仕途，就违反升官图的游戏规则呢？

【原评译文】

江含徵说：掷升官图游戏所看重的是道德，不过是为了赢几文罢了。

沈契掌说：官场游戏原本就与生活中的娱乐游戏有所不同。

第二○一则

【原文】

动物中有三教①焉：蛟、龙、麟、凤之属，近于儒者也；猿、狐、鹤、鹿之属，近于仙者也；狮子、牯牛之属，近于释者也。

植物中有三教焉：竹、梧、兰、蕙之属，近于儒者也；蟠桃、老桂之属，近于仙者也；莲花、薝葡之属，近于释者也。

【原评】

顾天石曰：请高唱《西厢》一句，"一个通彻三教九流"②。

石天外曰：众人碌碌，动物中蜉蝣③而已；世人峥嵘，植物中荆棘而已。

【注释】

①三教：自东汉佛教传入我国后，称儒、道、佛为三教。《北史·周纪》下："帝升高座，辨释三教先后，以儒教为先，道教次之，佛教为后。"

②一个通彻三教九流：见《西厢记》第四本第二折红娘所唱："秀才是文章魁首，姐姐是仕女班头；一个通彻三教九流，一个晓尽描鸾刺绣。"

③蜉蝣：本指一种生存期很短的昆虫，常用来比喻生命之短促。

苏轼《前赤壁赋》："寄蜉蝣于天地，渺沧海之一粟。"

【译文】

动物中有三种教派：蛟、龙、麒麟、凤凰近似于儒教，猿猴、狐狸、鹤、鹿之类近似于道教，狮子、牯牛之类近似于佛教。

植物中也有三种教派：翠竹、梧桐、兰花、蕙草近似于儒教，蟠桃、老桂之类近似于道教，莲花、蓍菖之类近似于佛教。

【原评译文】

顾天石说：请高声唱《西厢记》中的一句，"一个通彻三教九流"。

石天外说：世间大部分人庸俗无为，就像动物中的蜉蝣生物；世间卓越的人，就像植物中的荆棘。

第二〇二则

【原文】

佛氏云："日月在须弥山腰。"果尔[①]，则日月必是绕山横行而后可。苟有升有降，必为山巅所碍矣。又云："地上有阿耨达池，其水四出，流入诸印度。"又云："地轮之下为水轮，水轮之下为风轮，风轮之下为空轮。"余谓此皆喻言人身也：须弥山喻人首，日月喻两目，池水四出喻血脉流通，地轮喻此

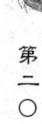

身，水为便溺，风为泄气，此下则无物也。

【原评】

释远峰曰：却被此公道破。

毕右万曰：乾坤交后，有三股大气：一呼吸、二盘旋、三升降。呼吸之气，在八卦为震巽，在天地为风雷、为海潮，在人身为鼻息。盘旋之气，在八卦为坎离，在天地为日月，在人身为两目，为指尖、发顶罗纹，在草木为树节、蕉心。升降之气，在八卦为艮兑，在天地为山泽，在人身为髓液便溺，为头颅肚腹，在草木为花叶之萌洞，为树梢之向天、树根之入地。知此，而寓言之出于二氏者，皆可类推而悟。

【注释】

①果尔：果真如此。

【译文】

佛教中的经典中说："太阳和月亮在须弥山的山腰上。"假如真是这样的话，那么太阳和月亮必然是绕着山横向运行的。如果有升降一定会被山巅挡住。佛家又说："地上有阿耨达池，它们的水流向四面八方，流进了印度各地。"佛家又说："地轮的下面是水轮，水轮的下面是风轮，风轮的下面是空轮。"我认为这些都是用来比喻人的身体构造的。须弥山比喻人的头，日月比喻人的两只眼睛；池水向四面八方流通是比喻人的血脉流通，地轮比喻人的身体，水是新陈代谢的废物，风就是泄气。此下就再也没有什么了。

释远峰说：这里的隐秘却被张潮先生说破了。

毕右万说：天地相交之后，有三股大气，一是呼吸之气、二是盘旋之气、三是上升和下降之气。呼吸之气，在八卦中为震巽，在天地间就是风雷、是大海的浪潮，在人身体中就是鼻子呼吸时的气息。盘旋之气，在八卦中为坎离，在天地中就是太阳、月亮，在人身体中就是两个眼睛，是手指尖和头顶的螺旋纹，在植物中就是树木分枝长叶的地方、是芭蕉的茎心。上升和下降之气，在八卦中就是艮兑，在天地中是山泽，在人身体中为精髓体液屎尿，是头颅和肚腹，在草木之中为花与叶的生发和凋谢，使树梢向天上生长、树根向地下延伸。知道了这些，凡是出自佛教和道教中的寓言，都能依此类推而领悟。

第二〇三则

【原文】

苏东坡和陶诗①尚遗数十首。予尝欲集坡句以补之，苦于韵之弗备而止。如《责子》诗中"不识六与七""但觅梨与栗"，"七"字与"栗"字，皆无其韵也。

【注释】

①苏东坡和陶诗：苏轼晚年曾追和陶渊明的诗百余首诗。和，就是用与原诗同样的韵写诗。虽然人们称苏轼遍和陶诗，但实际上仍有

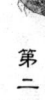

数十首没有和,《责子》诗就是其中之一。

【译文】

　　苏东坡和陶渊明的诗,还有数十首没有写完而遗留下来。我曾经想收集苏东坡诗中的句子弥补上没有写完的诗,只可惜诗韵不全而没能做到。像《责子》诗中"不认识六与七""但觅梨与栗","七"与"栗"完全不在一个韵上。

第二〇四则

【原文】

　　予尝偶得句,亦殊可喜,惜无佳对,遂未成诗。其一为"枯叶带虫飞",其一为"乡月大于城",姑存之,以俟异日①。

【注释】

　　①以俟异日:等待以后的日子。俟:等待。

【译文】

　　我曾经偶然吟出一句诗,也非常喜欢,可惜想不到好的对句,于是就没有把这首诗写成。一句是"枯叶带虫飞",一句是"乡月大于城",暂时将它们记录下来,等以后再说吧。

第二〇五则

【原文】

"空山无人，水流花开①"二句，极琴心之妙境；"胜固欣然，败亦可喜②"二句，极手谈③之妙境；"帆随湘转，望衡九面④"二句，极泛舟之妙境；"胡然而天，胡然而帝⑤"二句，极美人之妙境。

【注释】

①空山无人，水流花开：语出苏轼《十八大阿罗汉颂》第九尊者颂。

②胜固欣然，败亦可喜：语出苏轼《观棋》。

③手谈：下围棋。《世说新语·巧艺》："王中郎（坦之）以围棋是坐隐，支公（遁）以围棋为手谈。"

④帆随湘转，望衡九面：语出《古诗源》所收《湘中渔歌》。

⑤胡然而天，胡然而帝：语出《诗经·鄘风·君子偕老》，形容容貌服饰如天神一般。后来多用于贬义。

【译文】

"空山无人，水流花开"两句，表现出了琴弦上飞出音律的自然美与精神美两相融合的最佳境界。"胜固欣然，败亦可喜"两句，充分表现了下棋不计胜负，沉醉于棋艺、棋趣的高雅境界。"帆随湘转，望衡九面"两句，则将泛舟于湘水之上

的美妙境界表现得十分完美。"胡然而天，胡然而帝"两句，将美人的风韵表现得淋漓尽致。

第二〇六则

【原文】

镜与水之影，所受者也；日与灯之影，所施者也；月之有影，则在天者为受，而在地者为施也。

【原评】

郑破水曰：受、施二字，深得阴阳之理。

庞天池曰：幽梦之影，在心斋为施，在笔奴为受。

【译文】

镜子和水面中的影像是被动接受而显现出来的，太阳与灯光的影子是主动施与而显现出来的。月亮的影子则有两种情境：月中之影是被动接受而显现出来的，月照大地产生的影子却是主动施与而显现出来的。

【原评译文】

郑破水说：接受与施与两个词意截然相反，深刻领会到阴阳学说的义理。

庞天池说：幽梦的影子，对于张潮先生而言是主动施与，对于没有才华的文人而言就是被动接受。

第二〇七则

【原文】

水之为声有四：有瀑布声，有流泉声，有滩声，有沟浍^①声；风之为声有三：有松涛声，有秋叶声，有波浪声；雨之为声有二：有梧叶、荷叶上声，有承檐溜竹筒中声。

【原评】

弟木山曰：数声之中，惟水声最为厌。以其无已^②时，甚聒人耳也。

【注释】

①浍：田间排水的渠。《孟子·离娄下》："七八月之间雨集，沟浍皆盈。"

②无已：无休止。

【译文】

水有四种声音：有瀑布飞流直下发出的声音，有泉水淙淙流淌发出的声音，有海浪拍击海岸发出的声音，有田间沟渠里的水流发出的声音；风有三种声音：有吹过松林发出的声音，有吹过秋叶发出的沙沙声，有吹动波浪卷起浪花发出的声音；雨有两种声音：有雨打梧桐叶、荷叶时发出的声音，有屋檐滴雨时发出的滴答声。

【原评译文】

弟木山说：这几种声音中，只有水发出的声音最令人讨厌，因为它没有停止的时候，听起来十分嘈杂。

第二〇八则

【原文】

文人每好鄙薄富人，然于诗文之佳者，又往往以金玉、珠玑、锦绣誉之，则又何也？

【原评】

陈鹤山曰：犹之富贵家张山腈野老落木荒村之画耳。

江含徵曰：富人嫌其悭且俗耳，非嫌其珠玉文绣也。

张竹坡曰：不文，虽富可鄙；能文，虽穷可敬。

陆云士曰：竹坡之言是真公道说话！

李若金曰：富人之可鄙者在吝，或不好史书，或畏交游，或趋炎热而轻忽寒士①。若非然者，则富翁大有裨益人处，何可少之？

【注释】

①轻忽：轻慢，忽视。寒士：门第低微或贫苦的读书人。杜甫《茅屋为秋风所破歌》："安得广厦千万间，大庇天下寒士俱欢颜，风雨不动安如山。"

【译文】

　　文人通常瞧不起有钱的人，可以对于那些绝妙的诗文，却又喜欢用金玉、珠玑、锦绣来进行赞誉，这是什么原因呢？

【原评译文】

　　陈鹤山说：就如同富贵之人，家里悬挂山村野老的山村落叶之画一样。

　　江含徵说：文人不喜欢富人，主要原因是嫌弃他们吝啬和俗气，并不讨厌他们的珠玉、锦绣。

　　张竹坡说：不会写文章，尽管富有也令人鄙视；能够写文章，即便贫穷也令人尊敬。

　　陆云士说：张潮先生真是说了句公道话。

　　李若金说：富人因为吝啬而让人讨厌，他们有的不喜欢阅读史书，有的害怕结交朋友，有的巴结权贵之人而轻视贫苦的读书人。如果不是这样的话，富人对人有很多益处，怎么能少得了呢？

第二〇九则

【原文】

　　能闲世人之所忙者，方能忙世人之所闲。

【译文】

　　不把世俗人所忙碌之事放在心上的人，才能专注于世俗之人做不到的事情。

第二一〇则

【原文】

先读经，后读史，则论事不谬于圣贤；既读史，复读经，则观书不徒为章句①。

【原评】

黄交三曰：宋儒语录中不可多得之句。

陆云士曰：先儒著书法累牍连章，不若心斋数言道尽。

王宓草曰：妄论经史者，还宜退而读经。

【注释】

①章句：书中的章节与句读，也指研究和分析古书章节句读。颜延年《五君咏·向常侍》："探道好渊玄，观书鄙章句。"

【译文】

先读经典的学说著作，然后再去读史书，那么在谈论史实时就不会违背圣贤的思想。读了史书以后再去读经书，那么读书时就不会仅仅局限于字句的解释了。

【原评译文】

黄交三说：像张潮先生这样的话，在宋代儒家学者语录中，也很难见到。

陆云士说：前代的儒家学者们用了大量的文字和篇幅来诠释读书的方法，远不如张潮先生几句话说得清楚明白。

王宓草说：妄加评论经书、史书的人，应该回头认真读一读儒家的经典学说。

第二一一则

【原文】

居城市中，当以画幅当山水，以盆景当苑囿①，以书籍当朋友。

【原评】

周星远曰：究是心斋偏重独乐乐！

王司直曰：心斋先生置身于画中矣！

【注释】

①苑囿：多指畜养禽兽的地方。大叫苑，小叫囿。《史记·高祖本纪》："诸故秦苑囿园池，皆令人得田之。"此处指园林。

【译文】

居住在城市中的人，应该把画作上的山水当成大自然的山水，把盆景当成真实的园林，把书籍当成朋友。

【原评译文】

周星远说：究其原因是张潮先生喜欢一个人玩乐的乐趣。

王司直说：根据张潮先生的言论，可以推测出他置身于图画之中了。

第二一二则

【原文】

乡居须得良朋始佳，若田夫樵子，仅能辨五谷而测晴雨，久且数，未免生厌矣。而友之中又当以能诗为第一，能谈次之，能画次之，能歌又次之，解觞①政者又次之。

【原评】

江含徵曰：说鬼话者又次之。

殷日戒曰：奔走于富贵之门者，自应以善说鬼话为第一，而诸客次之。

倪永清曰：能诗者必能说鬼话。

陆云士曰：三说递进，愈转愈妙，滑稽之雄。

【注释】

①觞政：在宴会上行酒令。刘向《说苑·善说》："魏文侯与大夫饮酒，使公乘不仁为觞政。"

【译文】

居住在乡间必须有情投意合的朋友相伴，像那些农人樵夫只能辨认五谷杂粮，测天气阴晴云雨，时间久了，次数多了便不免心生厌倦。而朋友之中以会作诗的为第一，擅长谈论的为第二，善于绘画的为第三，会唱歌的次之，能行酒令的又次之。

【原评译文】

江含徵说：说胡话、诳话的人又次之。

殷日戒说：奔波于富贵之家，自然应当以善于编造谎言为第一，而其他各种门客排在后面。

倪永清说：能写诗的人一定能讲虚构的话。

陆云士说：前面三种说法一种比一种递进，越转折越妙，真是能言善辩。

第二一三则

【原文】

玉兰，花中之伯夷①也（高而且洁）；葵，花中之伊尹②也（倾心向日）；莲，花中之柳下惠也（污泥不染）。鹤，鸟中之伯夷也（仙品）；鸡，鸟中之伊尹也（司晨）；莺，鸟中之柳下惠③也（求友）。

【注释】

①伯夷：指商代孤竹君的儿子伯夷，他和叔齐在商亡后不食周粟，饿死山中。

②伊尹：商初大臣。名伊，尹是官名。一说名挚。帮助汤攻灭

夏桀。

③柳下惠：即展禽，春秋时鲁国大夫，食邑在柳下，谥惠。柳下
惠以善于讲究贵族礼节著称。

【译文】

玉兰，是花中的伯夷（清高而纯洁）；葵花，是花中的伊
尹（忠心耿耿向着太阳）；莲花，是花中的柳下惠（出淤泥而
不染）。鹤，是禽鸟中的伯夷（仙风道骨）；鸡，是禽鸟中的
伊尹（主管报晓司晨，尽忠职守）；莺，是禽鸟中的柳下惠
（寻求朋友）。

第二一四则

【原文】

无其罪而虚受恶名者，蠹鱼也（蛀书之虫另是一种，其形
如蚕蛹而差小）；有其罪而恒逃清议①者，蜘蛛也。

【原评】

张竹坡曰：自是老吏断狱②。

李若金曰：予尝有除蛛网说，则讨之未尝无人。

【注释】

①清议：对时政的议论，公正的舆论。

②老吏断狱：谓经验丰富的官吏判决案件。断狱：判案。《汉

书·何武传》："往者诸侯王断狱治政，内史典狱事。"

【译文】

本来就没有这种罪过而却背上了恶名的，是蠹鱼（蛀蚀书籍的是另外一种虫子，它的样子比蚕蛹稍微小一些）；有某种罪过却总能够逃避舆论指责的，是蜘蛛。

【原评译文】

张竹坡说：这是精干老练的官吏断案，又快又准。

李若金说：我就曾有过清除蜘蛛网的行为，所以说并不是没有人对蜘蛛发动攻击。

第二一五则

【原文】

臭腐化为神奇，酱也，乳也，金汁①也；至神奇化为臭腐，则是物皆然。

【原评】

袁中江曰：神奇不化臭腐者，黄金也、真诗文也。

王司直曰：曹操、王安石文字，亦是神奇出于臭腐。

【注释】

①金汁：即粪清。

【译文】

化腐臭为神奇的，是酱、腐乳、金汁；而把神奇化为腐臭的，世间的万事万物都能做得到。

【原评译文】

袁中江说：神奇的东西不能化为腐臭的，例如黄金、真正好的诗文。

王司直说：曹操、王安石的文章，就是神奇出于腐臭。

第二一六则

【原文】

黑与白交，黑能污白，白不能掩黑；香与臭混，臭能胜香，香不能敌臭。此君子小人相攻之大势也。

【原评】

弟木山曰：人必喜白而恶黑，黜臭而取香，此又君子必胜小人之理也。理在，又乌论乎势！

石天外曰：余尝言于黑处着一些白，人必惊心骇目，皆知黑处有白；于白处着一些黑，人亦必惊心骇目，以为白处有黑。甚矣！君子之易于形短①，小人之易于见长，此不虞之誉、求全之毁②由来也。读此慨然。

倪永清曰：当今以臭攻臭者不少。

①形短：相比较而显出短处。

②不虞之誉：没有意料到的赞扬。求全之毁：一心想保全名声，反而受到毁谤。语出《孟子·离娄上》："有不虞之誉，有求全之毁。"

【译文】

黑色与白色掺和到一起，黑色总能污染白色，而白色却无法掩盖黑色；香味与臭味混杂在一起，臭味总能压过香味，香味敌不过臭味。这就是道德高尚的君子和行为卑劣的小人，相互无法融合的道理。

【原评译文】

弟木山说：人们总喜欢白的而讨厌黑的，抛弃臭味而选择香味，这又是品德高尚的君子一定能战胜肮脏卑鄙小人的道理。道理既然存在，就没有必要再去谈论发展趋势了。

石天外说：我曾说过在黑色中放一点白色。人们看到后一定会感到震惊，都知道黑色中有一点白色；要是在白色中放一点黑色，人们看到后也一定会感到震惊，都知道白色中有黑色。遗憾啊，高尚君子的短处在比较中太容易显现了，而肮脏小人却是长处容易在比较中显现，这就是过于追求他人的褒扬和一心保全荣誉，反而容易遭受诽谤所造成的。读到这里，真是令人感叹不已。

倪永清说：现如今，臭味攻击臭味的事例屡见不鲜。

第二一七则

【原文】

　　"耻"之一字，所以治君子；"痛"之一字，所以治小人。

【原评】

　　张竹坡曰：若使君子以耻治小人，则有耻且格^①；小人以痛报君子，则尽忠报国。

【注释】

　　①有耻且格：意为有廉耻心，且口服心服。语出《论语·为政》："道之以德，齐之以礼，有耻且格。"

【译文】

　　一个"耻"字，可以用来约束君子；一个"痛"字，可以用来惩罚小人。

【原评译文】

　　张竹坡说：要是让品德高尚的君子用"耻"来教育小人，那么小人就会有知耻之心，并且能够严格约束自己，归于正道；小人要是用"痛"这个字来回报君子，君子就能尽忠报国。

第二一八则

【原文】

镜不能自照，衡不能自权①，剑不能自击。

【原评】

倪永清曰：诗不能自传，文不能自誉。

庞天池曰：美不能自见，恶不能自掩。

【注释】

①衡不能自权：指天平一类测定物体重量的器具不能用来称自身的重量。

【译文】

镜子永远无法照到自己的形象，天平永远无法称出自己的重量，剑永远无法与自己打斗。

【原评译文】

倪永清说：诗歌不能自我流传，文章不能自我赞誉。

庞天池说：美丽无法自我显现，恶迹无法自我遮掩。

第二一九则

【原文】

古人云："诗必穷而后工^①。"盖穷则语多感慨，易于见长耳。若富贵中人，既不可忧贫叹贱，所谈者不过风云月露而已，诗安得佳！

苟思所变，计惟有出游一法。即以所见之山川、风土、物产、人情，或当疮痍兵燹之余，或值旱涝灾祲之后，无一不可寓之诗中。借他人之穷愁，以供我之咏叹，则诗亦不必待穷而后工也。

【原评】

张竹坡曰：所以郑监门^②《流民图》独步千古。

倪永清曰：得意之游，不暇作诗；失意之游，不能作诗。苟能以无意游之，则眼光识力，定是不同。

尤悔庵曰：世之穷者多而工诗者少，诗亦不任受过也。

【注释】

①诗必穷而后工：语出北宋欧阳修《梅圣俞诗集序》："非诗之能穷人，殆穷者而后工也。"意谓诗人必须经过磨难，才能写出好的作品来。

②郑监门：郑侠（1041—1119 年），字介夫，福州福清（今属福建）人，英宗治平四年（1067 年）进士，一生为民请命，做到了

"俸薄俭常足，官卑清自尊"，作品有《西塘集》《西塘先生文集》等。曾因见流民困苦，令作《流民图》送宋神宗，解民于倒悬。

【译文】

古人说："作诗必须要经历过艰苦的磨砺后，才能写得好。"这是因为经历生活的种种磨难以后，诗人就可以用手中的笔来表达内心的感慨，就能够写出好的诗歌。在富贵家庭中长大的人，没有经历过贫困的磨砺，所谈论的不过是一些风云月露而已，他们怎么会写出好诗呢？如果想改变这种现状，走出家门出去游览是个好办法。把游览途中所见到的山川景致、风土人情、物产事物、民众人情，或者处于政治败坏、兵匪之患以后，或者遭遇旱涝灾害之后的凄惨景象，都可以用自己的诗作表现出来。这种借别人凄惨、忧愁和困顿的状态，作为自己写作的真实素材，就没有必要等到自己穷困潦倒之后，才能写出好的诗作来。

【原评译文】

张竹坡说：正像张潮先生所说的那样，郑监门所作的《流民图》才能够独一无二地流传。

倪永清说：春风得意时的游玩，就没有空闲的时间作诗；失意落魄时的游玩，就没有心情作诗。如果不带着得意与失意的心态去游玩，那么眼光和见识自然就会有所不同。

尤悔庵说：世间贫穷的人很多，擅长写诗的人很少，对于诗歌本身而言，也不愿落个困顿出好诗的结论啊。

跋一

昔人云："梅花之影，妙于梅花。"窃意影子何能妙于花？惟花妙，则影亦妙。枝干扶疏①，自尔天然生动。凡一切文字语言，总是才子影子。人妙，则影自妙。此册一行一句，非名言即韵语②，皆从胸次体验而出，故能发警醒。片玉碎金③，俱可宝贵。幽人梦境，读者勿作影响观④可矣。

南村张惣⑤识

【注释】

①扶疏：枝叶繁茂的样子。

②韵语：诗词。

③片玉碎金：比喻文章简短而精美。

④作影响观：指当成无足轻重的影子、声响看待，形容不重视。

⑤张惣：即张南村。

【译文】

从前有人说："欣赏梅花的影子，比梅花更美妙。"我不这样认为，影子毕竟是影子，怎么可能比花看着还美妙呢？只有美妙的花，才会留下美妙的影子。梅花的枝干错落有致，自然天成而显得遒劲生动。所有诗词文章，都有才子的影子。才华横溢的人，那么他的影子自然就赏心悦目。书中的每一行字每一句话，不是名言就是诗一样的语句，这些都是作者对生活进行升华的智慧结晶，所以能够让人警觉醒悟。每一则文章虽简短但精美，都是十分宝贵的言论。阅读这样短小精悍的妙文，如同置身于虚幻的美妙境界，读者在阅读的过程中一定要足够的重视，才能从中汲取精华。

南村张惣记

跋

一

跋二

抱异疾者多奇梦，梦所未到之境，梦所未见之事。以心为君主之官，邪干之^①，故如此；此则病也，非梦也。至若梦木撑天^②，梦河无水，则休咎^③应之；梦牛尾，梦蕉鹿^④，则得失应之；此则梦也，非病也。

心斋之《幽梦影》，非病也，非梦也，影也。影者惟何？石火之一敲、电光之一瞥也^⑤，东坡所谓"一掉头时生老病，一弹指顷去来今"也。昔人云"芥子具须弥^⑥"，心斋则于倏忽备古今也。此因其心闲手闲，故弄墨如此之闲适也。心斋岂长于勘梦者也！然而未可向痴人说也。

寓东淘江之兰^⑦跋

【注释】

①邪：中医术语，指引起疾病的环境因素。干：触犯，冒犯。

②梦木撑天：晋代王敦谋反，曾梦见一木撑天，请许真君解梦，许言"一木撑天为未，不可妄动"。

③休咎：吉与凶，善与恶。休，吉庆，美善。咎，灾祸。

④蕉鹿：指蕉叶覆盖下的鹿。

⑤石火、电光：闪电的光，燧石的火，比喻事物的短暂易逝。

⑥芥子具须弥：偌大一个须弥山塞进一粒小小的芥子之中。形容佛法无边，神通广大。

⑦江之兰：即江含徵。

【译文】

身患怪病的人，常常会做奇异的梦，梦到自己从来没有去过的地方，梦到自己从来没有见过的事情。这主要是因为心是人体最重要的器官之一，遭遇邪气侵犯，才会出现奇异的梦；这是病的范畴，与常人所做的梦有很大区别。有关梦到树木支撑天空，河中没有水，与之相对应的则是吉凶；梦见牛尾，梦见芭蕉叶覆盖下的鹿，与之相对应的则是得与失：这些就是梦，而不是病。

张潮先生所著作的《幽梦影》，既不能称之为病也不能称之为梦，而是他自己的影子。为什么说是影子呢？是石头相互撞击时火花的闪现，是闪电转瞬即逝时留下的光影，正如苏东坡所言，"一扭头的时间里包含着生老病死，弹指一挥的时间里蕴藏着过去、现在、将来"。过去有人说"小小一粒芥子中藏着偌大须弥山"，张潮先生的文章则是瞬间包含了过去和现在。这主要是因为他的身体和心境都非常闲适，所以才能写出如此悠闲而又富有哲理的文章。张潮先生为什么是擅长洞悉梦境的人！这是他个人的独特之处，不会轻易告诉那些无知的人。

寓东淘江之兰跋

跋三

昔人著书，问附评语。若以评语参错书中，则《幽梦影》创格①也。清言隽旨，前於后喁②，令读者如入真长③座中，与诸客周旋，聆其馨欬④，不禁色舞眉飞，洵翰墨中奇观也。书名曰"梦"、曰"影"，盖取"六如"⑤之义。饶广长舌，散天女花⑥，心灯意蕊⑦，一印印空，可以悟矣！

乙未夏日震泽杨复吉识⑧

【注释】

①创格：新的风格或法式。

②前於后喁：於、喁，相和之声，语出《庄子·齐物论》："前者唱於，而随着唱喁。"

③真长：刘惔，字真长，东晋沛国相人。

④馨欬：指言语隽永可赏，如散布很远的香气。欬，同"咳"。

⑤六如：也称六喻。佛教以梦、幻、泡、影、露、电喻世事之空幻无常，语出《金刚经》："一切有为法，如梦幻泡影，如露亦如电，应作如是观。"

⑥散天女花：佛教故事，天女散花以试菩萨和声闻弟子的道行，花至菩萨身上即落去，至弟子身上便不落，出自《维摩经·观众生品》。

⑦心灯：佛教语，比喻心灵，意即神思明亮如灯。意蕊：指心意，比喻其纠结如花蕊。

⑧杨复吉（1747—1820 年）：字列侯，一字列瓯，号慧楼、乡月楼、梦阑等，清代江苏震泽人。辑有《辽史拾遗补》《元文选》《昭代丛书续集》《虞初余志》等。著有《梦兰琐笔》《慧楼诗文集》等。

【译文】

从前的文人著书，通常会附有评语。像这样把评语错落有致地编排在书中，《幽梦影》则是首创。书中言辞清雅隽永，前后相互呼应，让读者仿佛成为刘真长的座上宾客，与在座的文人墨客交往应酬，亲耳聆听隽永的言语后，不禁眉飞色舞，此种行为的确是文学中的奇观。书名中关于"梦""影"，大概出自佛教《金刚经》中的"六喻"。书中，张潮先生才思泉涌，言论真实而有力，分析透彻而精深，神思明亮如灯，心思集结如花蕊，一语道破世间玄机，这些都可以通过阅读进行领悟。

乙未夏日震泽杨复吉识

跋
三